Harald Rehbein

# Industriepraktikum Maschinenbau

Ein Leitfaden für Studierende
an Technischen Universitäten

Mit 19 Abbildungen, 6 Tabellen und 80 Seiten Vordrucken
für den persönlichen Gebrauch

Springer-Verlag Berlin Heidelberg New York
London Paris Tokyo 1986

Dr.-Ing. Harald P. Rehbein

Akademischer Rat a. Z., Lehrstuhl für Werkzeugmaschinen und Betriebswissenschaften, Technische Universität München

ISBN-13: 978-3-540-16911-6     eISBN-13: 978-3-642-47555-9
DOI:  10.1007/978-3-642-47555-9

CIP-Kurztitelaufnahme der Deutschen Bibliothek
*Rehbein, Harald:*
Industriepraktikum Maschinenbau : e. Leitf. für Studierende an techn. Univ. / Harald Rehbein. –
Berlin ; Heidelberg ; New York ; London ; Paris ; Tokyo : Springer, 1986. –
ISBN-13: 978-3-540-16911-6

# Vorwort

Der Studiengang Maschinenbau an den Technischen Universitäten und Hochschulen weist im allgemeinen keine homogene Struktur auf. Die Aufteilung in verschiedene Studienzweige gibt dem Studierenden die Möglichkeit, sich innerhalb des Faches Maschinenbau auf bestimmte Themengebiete (Konstruktion, Kraftwerkstechnik, Verfahrenstechnik, Luft- und Raumfahrttechnik usw.) zu spezialisieren. In jedem Fall bildet jedoch die praktische Ausbildung in der Industrie einen nicht unwesentlichen Teil des Studiums.

Einem Studienanfänger fällt es dabei oft schwer, die Bedeutung der Industriepraxis richtig einzuschätzen. Erfahrungsgemäß bestehen aber auch bei Studenten, die sich bereits im Studium befinden, häufig Unsicherheiten bezüglich der sinnvollen Einteilung des Praktikums. Dieses Buch soll deshalb allen Studierenden des Maschinenwesens eine Hilfe bei Aufbau und Durchführung des Praktikums geben. Die Suche nach einer Praktikantenstelle wird dabei ebenso wie beispielsweise die Erstellung der Berichterstattung behandelt.

Das Industriepraktikum und derjenige Teil des Studiums, der aus Vorlesungen und Übungen besteht, können als Einheit betrachtet werden. Es ergibt sich dann bei einer konsequenten Durchführung des Praktikums eine Wechselbeziehung zwischen dem Vorlesungsstoff und den Praktikumsinhalten.

Eine frühzeitige Konfrontation des Studierenden mit modernen Techniken (z.B. NC-gesteuerte Maschinen oder CAD in der Konstruktion) ist vor allem wegen des raschen technischen Fortschritts anzustreben. Im Zusammenwirken mit dem Vorlesungsstoff bildet das Industriepraktikum somit eine wichtige Informationsquelle für den werdenden Ingenieur, die ihm gleichzeitig die Umsetzung der erlernten Theorie in die Praxis veranschaulicht.

Eine weitere Grundvoraussetzung für die sinnvolle Arbeit eines Ingenieurs bildet die Dokumentation technischer Vorgänge in Wort und Bild. In diesem Bereich kann das Industriepraktikum als wertvolle Unterstützung beim Erlernen der Fähigkeiten zur korrekten Darstellung technischer Zusammenhänge und Prozesse verstanden werden.

Um die gesetzten Ziele zu erreichen, bedarf es einerseits einer gewissen Aufgeschlossenheit des Studenten gegenüber der modernen Technik, aber andererseits auch der Unterstützung des Studierenden durch die Hochschule. Viel zu wenig Studenten wissen, daß das Praktikantenamt ihrer Hochschule nicht nur eine Prüfungs- und Anerkennungsbehörde darstellt, sondern auch ein Ansprechpartner für alle formalen und sachlichen Probleme im Zusammenhang mit dem Industriepraktikum ist.

Gerade die Beratungssprechstunden mit Studenten waren für mich der Anlaß, diesen Leitfaden abzufassen. Als Mitarbeiter des Praktikantenamtes der Fakultät Maschinenwesen der TU München mußte ich vielfältige Probleme und Unklarheiten bei jenen Studenten feststellen, die sich außerhalb der Hochschule, d. h. in der betrieblichen Praxis, zu bewähren hatten. Meist war der Mangel an Erfahrung in formalen Dingen oder die unzureichende Kenntnis über den im Praktikum vermittelten Stoff die Ursache für ein Problem.

Ich hoffe, mit dem vorliegenden Buch einen Beitrag zur Verbesserung der Ingenieurausbildung zu leisten, und möchte dazu auffordern, im Falle von Unklarheiten das zuständige Praktikantenamt anzusprechen.

Mein besonderer Dank gilt dem für Praktikantenangelegenheiten zuständigen Ordinarius des Lehrstuhles für Werkzeugmaschinen und Betriebswissenschaften der TU München. Herr Professor Dr. Milberg hat mit seiner immerwährenden Diskussionsbereitschaft im Rahmen einer Verbesserung der Ingenieurausbildung durch wertvolle Anregungen zu diesem Buch beigetragen.

München, im Sommer 1986                                          Harald P. Rehbein

# Inhaltsverzeichnis

# 1 Einleitung

## 1.1 Zweck der praktischen Ausbildung

Der Sinn der praktischen Unterweisung von Studierenden des Maschinenwesens liegt darin, ihr technisches Verständnis zur besseren Verfolgung von Vorlesungen und Übungen zu entwickeln sowie ihr aus den Vorlesungen gewonnenes theoretisches Wissen zu vertiefen.

Im Rahmen des Industriepraktikums stehen das Kennenlernen von fertigungstechnischen Zusammenhängen und der Erwerb von Kenntnissen über Aufbau und Wirkungsweise technischer Produkte im Vordergrund. Dazu gehört vornehmlich die Beschäftigung mit den Fertigungsverfahren und den jeweils zum Verfahren zugeordneten Fertigungsmitteln sowie mit den Anwendungsbereichen der einzelnen Fertigungsverfahren.

Die oben genannten Punkte ergeben jedoch allein kein vollständiges Bild der industriellen Fertigung, denn neben Kenntnissen über die Produktionsmethoden sollte ein zukünftiger Ingenieur auch Vorstellungen über Firmenstrukturen besitzen. Hier sind Punkte wie Maschinenpark, Rationalisierung und Automatisierung sowie der Bereich Personal und Verwaltung von herausragender Bedeutung.

Weiterhin hat die industriepraktische Ausbildung den Sinn, dem Studierenden einen Eindruck von der Planung und Konstruktion neuer technischer Produkte, dem Bereich der Fertigungsplanung und -steuerung, der Qualitätssicherung und von anderen Problemen eines Produktionsbetriebs zu vermitteln.

## 1.2 Einteilung des Praktikums

Ein Praktikum kann allen oben beschriebenen Kriterien mit Sicherheit nicht gleichermaßen gerecht werden. Die zeitliche Begrenzung der Ausbildungsdauer und die Reglementierung der Pflichtpraxis durch vorgegebene Ausbildungspläne stehen den Forderungen nach einer umfassenden Industriepraxis in gewisser Weise entgegen. Der Studierende muß hier selbst einen Beitrag zur Abwicklung seines Praktikums leisten, indem er schwerpunktmäßig im Rahmen der Pflichtpraxis diejenigen Ausbildungsangebote auswählt, die ihn seinem Ausbildungsziel am nächsten bringen. Eine freiwillige Fachpraxis sollte darüber hinaus angestrebt werden.

Die Einteilung des Pflichtpraktikums stellt somit einen Kompromiß dar. Deshalb liegt auch diesem Buch die Aufgabenstellung zugrunde, Wege aufzuzeigen, wie die relativ kurz bemessene Zeit der industriepraktischen Ausbildung möglichst effektiv genutzt werden kann. Dazu sind jedoch zunächst die Bedingungen zu klären, unter denen die Ausbildung abläuft.

# 2 Gliederung der Ausbildung

## 2.1 Dauer und zeitliche Aufteilung des Praktikums

Die Dauer und die zeitliche Gliederung des Praktikums sind in den Praktikantenrichtlinien festgehalten. Zum Zeitpunkt des Entstehens dieses Buches beträgt die Gesamtausbildungszeit 26 Wochen. Dieser Wert gilt für alle Technischen Universitäten und Hochschulen mit Ausnahme der Bundeswehruniversitäten. Diese sollen jedoch wegen ihres gegenüber den übrigen Hochschulen abweichenden Ausbildungsgangs hier ohnehin nicht betrachtet werden.

Obwohl mit der 26wöchigen Pflichtpraxis eine einheitliche Regelung in der Bundesrepublik Deutschland besteht, ist die Aufteilung dieser Zeit auf bestimmte Themengebiete nicht vereinheitlicht. Geringfügige Abweichungen hinsichtlich der zeitlichen Aufteilung der Ausbildungsabschnitte sowie Unterschiede bei der Handhabung des Praktikums vor Studienbeginn sind unbedingt zu beachten. Dies gilt vor allem auch für Studierende, die während ihres Studiums auf eine andere Hochschule überwechseln wollen.

Darüber hinaus fordern einige Hochschulen in ihren Richtlinien beispielsweise für das Vorpraktikum die Auswahl bestimmter Ausbildungsinhalte. Hier wie auch in anderen Punkten ist die genaue Kenntnis der Richtlinien der ausgewählten Hochschule dringend erforderlich, da insbesondere auch die zeitlichen Anteile des Praktikums, die vor Studienbeginn zu leisten sind, von Hochschule zu Hochschule differieren können.

## 2.2 Der Begriff des Vorpraktikums

Die zeitliche Aufteilung der industriepraktischen Ausbildung wird von zwei Faktoren geprägt. Auf der einen Seite bestimmen die Qualifikationsverordnungen einen Teil der Ausbildung als Voraussetzung für die Aufnahme des Studiums, auf der anderen Seite setzen die Prüfungen des Vor- und Hauptdiploms zeitliche Rahmenbedingungen für die Ableistung gewisser Praktikumszeiten.

Das Praktikum vor Studienbeginn besitzt eine große Bedeutung. In der Regel ergibt sich hier der erste Kontakt des Studierenden mit der Materie des Maschinenbaus. In diesem Abschnitt des Praktikums gilt es, das grundlegende Verständnis für das Studium des Maschinenwesens zu schaffen.

In der Einleitung wurde bereits erwähnt, daß zwischen den Praktikumsinhalten und dem Vorlesungsstoff eine ergänzende Beziehung besteht. Wie stark sich dabei die im Praktikum erworbenen Kenntnisse auf das Verstehen des Vorlesungsstoffes niederschlagen, kann sehr deutlich dann gezeigt werden, wenn die Vorpraxis die Grundlage für ein maschinenbauspezifisches Fach liefert. Eine Untersuchung des Instituts für Maschinenelemente der Universität Hannover zeigt, daß sich mit zunehmender Zahl der vor Studienbeginn abgeleisteten Praktikumswochen die Prüfungsnoten im Fach Maschinenelemente deutlich verbessern (Bild 1).

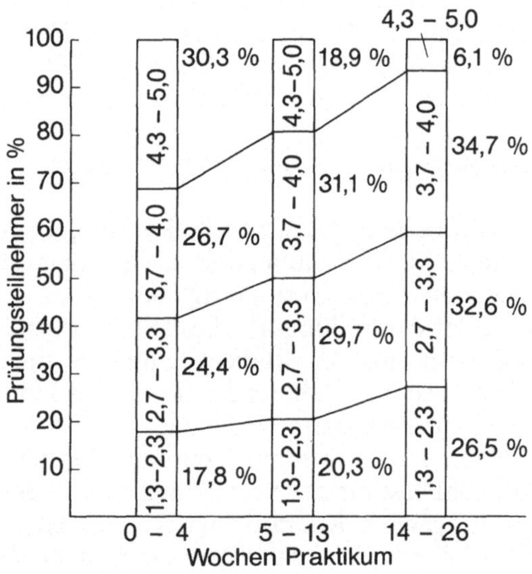


**Bild 1.** Zusammenhang zwischen den Prüfungsergebnissen im Fach „Maschinenelemente" und der Zahl der vor Studienbeginn abgeleisteten Praktikumswochen. Während aus der Gruppe mit 0 bis 4 Wochen Praktikum 30,3% (also fast ein Drittel der Kandidaten) die Prüfung nicht bestehen, reduziert sich der Anteil auf unter 10% bei der Gruppe, die mindestens die Hälfte der 26 Wochen Pflichtpraxis erfüllt hat (Quelle: Univ. Hannover)

Weitere Untersuchungen auf diesem Gebiet belegen an anderen Hochschulen ähnliche Zusammenhänge. An der TH Darmstadt wurde der Anteil der Studierenden mit dem Prüfungsurteil „nicht bestanden" in Abhängigkeit von der Zahl der abgeleisteten Praktikumswochen bei zwei Fächern ermittelt. Die Ergebnisse weisen auf eine deutliche Benachteiligung der Studierenden ohne Industriepraxis hin. Interessant ist aber auch, daß der Einfluß des abgeleisteten Praktikums auf die Prüfungsergebnisse mit steigender Zahl der Praktikumswochen abnimmt (Bild 2).

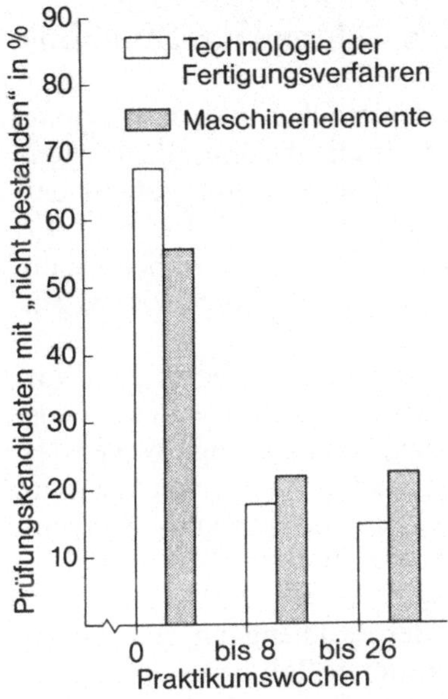

Bild 2. Zusammenhang zwischen nicht bestandener Prüfung in den Fächern „Maschinenelemente" sowie „Technologie der Fertigungsverfahren" und den abgeleisteten Praktikumswochen. Die Darstellung belegt die Wichtigkeit des Vorpraktikums in bezug auf den Studienerfolg (Quelle: TH Darmstadt)

Erhebungen des Praktikantenamtes Maschinenwesen der TU München lassen dagegen keinen derartigen Zusammenhang zwischen Prüfungsergebnissen und abgeleisteten Praktikumswochen erkennen. Dies liegt daran, daß im Fall des hier betrachteten Faches „Maschinenelemente" die Prüfung erst zu einem Zeitpunkt stattfindet, zu dem der Studierende mindestens 17 Wochen Praktikum absolviert hat.

Aus den oben genannten Betrachtungen läßt sich eine Vorpraxis von mindestens 8 Wochen Dauer als sinnvoll ableiten. Ein Vorpraktikum, das aus besonderen Umständen (beispielsweise Wehrdienstableistung) gekürzt werden mußte, birgt demnach Risiken für den Studienerfolg in sich.

Hier wird ein zweiter wichtiger Aspekt des Vorpraktikums deutlich. Durch das Vorziehen gewisser Praktikumszeiten vor das Studium wird dieses selbst zeitlich nicht mehr so stark von der Praktikumsableistung belastet. Beide Faktoren, das bessere Verständnis für das Fach Maschinenbau und die zeitliche Entlastung, tragen wesentlich zum Studienerfolg bei. Deshalb sollten Wehrdienst- und Ersatzdienstleistende immer versuchen, zumindest einen Teil der geforderten Vorpraxis einzubringen.

Das Vorpraktikum zählt bereits zum Studium und ist daher förderungsfähig nach BAFöG. Die Gewährung einer Beihilfe ist bei der zuständigen Behörde des Wohnorts zu beantragen. Auf Wunsch stellen die Praktikantenämter eine Bescheinigung zur Vorlage bei Behörden aus, die Auskunft über die Verpflichtung zur Ableistung einer Vorpraxis und über deren Mindestdauer gibt.

## 2.3 Zeitliche Aufteilung des Praktikums während des Studiums

In den seltensten Fällen wird es einem Studierenden möglich sein, das gesamte Pflichtpraktikum von 26 Wochen Dauer vor Studienbeginn abzuleisten. Neben der Zeitfrage spielt dabei auch der individuelle Kenntnisstand des zukünftigen Studierenden eine nicht unerhebliche Rolle.

Es muß also davon ausgegangen werden, daß in der Regel vor Studienbeginn nur das erforderliche Vorpraktikum geleistet oder die Vorpraxis wegen Vorliegens besonderer Gründe gestundet wird.

In jedem Fall sollte sich der zukünftige Studierende möglichst früh vor Beginn des Studiums einen Zeitplan aufstellen, der auch den Ablauf störende Ereignisse (beispielsweise Wiederholungsprüfungen) berücksichtigt. Wegen der von Universität zu Universität unterschiedlichen Studiengänge kann hier kein Patentrezept angeboten werden. Nachfolgend wird ein beispielhafter Studiengang an Hand der Gegebenheiten erläutert, die an der TU München anzutreffen sind (Stand: WS 1985/86).

Zunächst ist die Frage entscheidend, ob der Studiengang mit einem Vorpraktikum begonnen wird oder nicht. Die weiteren Rahmenbedingungen werden dann von der Lage zweier Prüfungsteile (2. Teil Diplomvorprüfung DVP II und letzter Teil Diplomhauptprüfung DHP III) bestimmt. In der Regel erfolgt die Anmeldung zum letzten Teil der in drei Teile aufgliederbaren Diplomhauptprüfung im 10. bis 12. Semester (Beginn des Prüfungszyklus dann im 8. bis 10. Semester).

Bild 3 erläutert den zeitlichen Ablauf des kompletten Studienganges, wobei auch auf die verschiedenen Aufteilungen, die bei Wiederholungsprüfungen entstehen können, eingegangen wird. Analoge Studienpläne lassen sich für alle Hochschulen aufstellen.

Dieser Zeitplan eines Studienganges zeigt noch einmal deutlich, welche Probleme vor allem in zeitlicher Hinsicht entstehen, wenn das Studium ohne Vorpraxis begonnen wird. Die vollständige Überdeckung der Zeiträume von Prüfungsvorbereitung und Praktikum in den Semsterferien erhöht erfahrungsgemäß das Risiko nicht ausreichender Noten in den Prüfungen und gefährdet u. U. den gesamten Studienerfolg.

Die zeitliche Verschiebung im Studiengang wird auch sichtbar, wenn man für einen Studentenjahrgang die Aufteilung der abgeleisteten Praktikumswochen analysiert. Die vom Praktikantenamt Maschinenwesen der TU München durchgeführte Untersuchung bei Studierenden des 4. Semesters (hier sollte in der Regel der 2. Teil des Vordiploms stattfinden) zeigt, daß ca. 42% der

---

**Bild 3.** Entwurf eines Studienplanes (hier nach Maßgaben der TU München). Studienpläne ▶ dieser Art lassen sich mit Hilfe der Vorlesungsverzeichnisse für alle Hochschulen aufstellen. Sie erfüllen den Zweck der Einplanung von Praktikum und Prüfungen in die Semesterferien und geben gleichzeitig über Alternativen Aufschluß, wenn unvorhergesehene Ereignisse (z. B. Wiederholungsprüfungen) den Studienablauf stören

| | Spalte 1 | Spalte 2 | Spalte 3 | Spalte 4 | Spalte 5 |
|---|---|---|---|---|---|
| | *12* Wochen Vorpraxis | *12* Wochen Vorpraxis | *12* Wochen Vorpraxis | *6* Wochen Vorpraxis | *0* Wochen Vorpraxis |
| WS | 1. Semester | | | 1. Semester | 1. Semester |
| | 5 Wochen Pr. | | | 6 Wochen Pr. (Pflicht!) | 8 – 9 Wochen Pr. |
| SS | 2. Semester | | | 2. Semester | 2. Semester |
| | (DVP I) | | | 5 Wochen Pr. | (DVP I) 3 Wochen Pr. |
| WS | 3. Semester | | | 3. Semester | 3. Semester |
| | mögliche Wiederholungspr. | | | (DVP I) | mögliche Wiederholungspr. |
| SS | 4. Semester Alternative Sp. 2 | 4. Semester | | 4. Semester | 4. Semester |
| | (DVP II) | Verlegung des 2. Teils DVP | | mögliche Wiederholungspr. | 5 – 6 Wochen Pr. |
| WS | 5. Semester | 5. Semester | | 5. Semester weiter in Spalte 2 | 5. Semester weiter in Spalte 2 |
| | mögliche Wiederholungspr. | (DVP II) | | | |
| SS | 6. Semester | 6. Semester | | | |
| | 5 Wochen Pr. | mögliche Wiederholungspr. | | | |
| WS | 7. Semester | 7. Semester | | | |
| | 4 Wochen Pr. | 6 Wochen Pr. | | | |
| SS | 8. Semester | 8. Semester Alternative Spalte 3 | 8. Semester | | |
| | Beginn Hauptdiplom, 3. Teil nach dem 10. Sem. | Beginn DHP 3. Teil nach dem 10. Semester | Verlegung DHP 3 Wochen Pr. | | |
| WS | 9. Semester | 9. Semester | 9. Semester | | |
| | (DHP) | 3 Wochen Pr. | Beginn DHP 3. Teil nach dem 11. Semester | | |
| SS | 10. Semester | 10. Semester | 10. Semester | | |

Praktikum    1. Teil der Diplomvorprüfung (DVP I)    2. Teil der Diplomvorprüfung (DVP II)    Diplomhauptprüfung (DHP) in München drei Teile möglich

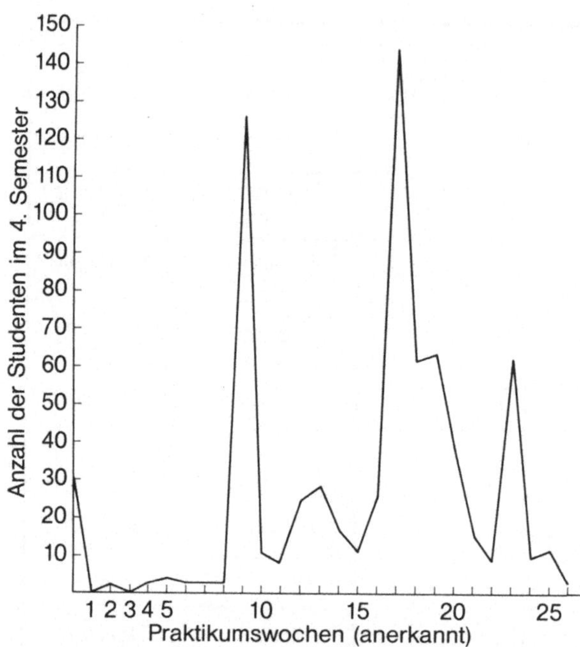


**Bild 4.** Aufteilung der abgeleisteten Praktikumswochen für Studierende des 4. Semesters. Ca. 42% können sich noch nicht zum Abschluß der Vorprüfung (17 Wochen Praktikum erforderlich) anmelden. 80% dieser Gruppe haben ohne komplette Vorpraxis begonnen, bei den restlichen 20% sind Wiederholungsprüfungen im 1. Teil der Diplomvorprüfung für die Verzögerung im Studium verantwortlich (Quelle: TU München)

Studenten noch nicht über die zur Prüfungsanmeldung notwendigen 17 Praktikumswochen verfügen (Bild 4). Diese Gruppe von Studenten setzt sich zu ca. 80% aus Studienanfängern ohne komplettes Vorpraktikum und zu ca. 20% aus Studierenden mit Wiederholungsprüfungen im 1. Teil des Vordiploms zusammen.

## 2.4 Sachliche Gliederung der Ausbildung durch den Ausbildungsplan

Um die in der Einleitung genannten Ziele der industriepraktischen Ausbildung verwirklichen zu können, ist es notwendig, die mit 26 Wochen sehr kurz bemessene Praktikumszeit sinnvoll einzuteilen. Deshalb wird die Einhaltung eines Ausbildungsplans während der Praktikumszeit gefordert.

Die Ausbildungspläne, die einen Kernpunkt der Praktikantenrichtlinien darstellen, orientieren sich unabhängig von der Hochschule an einer Grundaufteilung der Praktikumsinhalte. Diese Aufteilung ist in Bild 5 veranschaulicht.

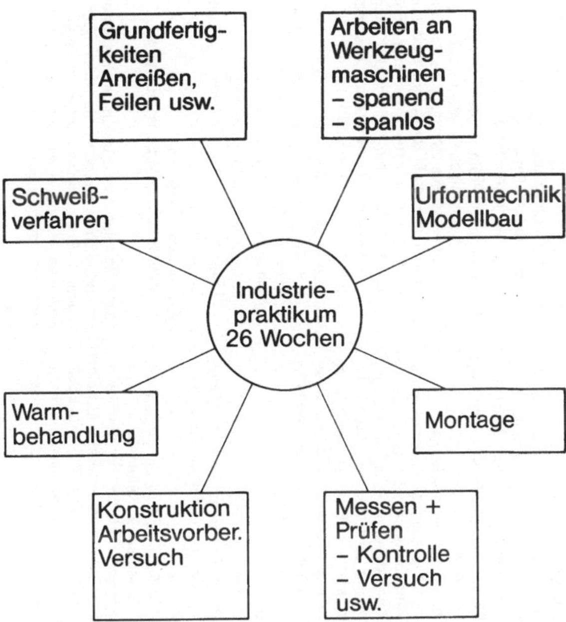


**Bild 5.** Aufteilung der Praktikumsinhalte für die Pflichtpraxis von 26 Wochen Dauer. Je nach Ausbildungsplan der Hochschule können verschiedene Einzelbereiche in Gruppen zusammengefaßt werden

In Bild 6 sind zwei Ausbildungspläne verschiedener Universitäten gegenübergestellt. Sehr wichtig in diesem Zusammenhang ist die Erkenntnis, daß die einzelnen Teile der Ausbildungspläne mit Ausbildungszeiten behaftet sind. Daraus ergibt sich somit nicht nur eine sachliche, sondern auch eine zeitliche Gliederung innerhalb des Ausbildungsganges, die eine sinnvolle Ableistung des Praktikums unterstützt.

## 3. Ausbildungsplan

| Art der Tätigkeit | Wochen | |
| --- | --- | --- |
| | minimal | maximal |
| **Grundpraktikum** | | |
| 1. Spanende Fertigungsverfahren | 6 | 8 |
| 2. Umformende Fertigungsverfahren | 3 | 5 |
| 3. Thermische Füge- und Trennverfahren | 2 | 4 |
| 4. Urformverfahren | 3 | 5 |
| 5. Montage | 2 | 4 |
| **Aufbaupraktikum** | | |
| 6. Wärmebehandlung | – | 2 |
| 7. Werkzeug- und Vorrichtungsbau | – | 2 |
| 8. Instandhaltung und Reparatur | – | 2 |
| 9. Messen und Prüfen in der Fertigung | – | 2 |
| 10. Oberflächentechnik | – | 2 |
| 11. Entwicklung und Kontruktion | – | 4 |
| 12. Arbeitsvorbereitung | – | 2 |
| 13. Fachrichtungsspezifische praktische Tätigkeit nach Rücksprache mit dem Praktikantenamt | | |
| erforderliche Gesamtwochenzahl | 26 | |

### 3.1. Erläuterung zum Ausbildungsplan

Die Kürze des Praktikums erfordert ein besonders intensives Bemühen des Praktikanten, damit es ihm gelingt, sich im Laufe der Praktikantenzeit einen wirklichen ausreichenden Überblick über die wichtigsten Fertigungszweige des Maschinenbaus zu verschaffen.

1. Spanende Fertigungsverfahren
z. B. Anreißen, Feilen, Meißeln, Sägen, Bohren, Senken, Reiben, Gewindeschneiden von Hand, Scharfschleifen, Drehen, Revolver-, Automaten- und Bohrwerksdrehen, Hobeln, Fräsen, Schleifen, Feinschleifen, Läppen, Räumen, Kopieren an Dreh- und Fräsmaschinen.

2. Umformende Fertigungsverfahren
z. B. Richten, Biegen, Nieten, Handschmieden; Massivumformung: Frei- und Gesenkformen, Fließpressen etc.; Blechumformung: Tiefziehen, Drücken, Biegen, Rollen, Schneiden (Stanzen) einschließlich Feinschneiden.

3. Thermische Füge- und Trennverfahren
z. B. Autogen-, Lichtbogen-, Widerstandsschweißen, Brennschneiden, Sonderverfahren des Schweißens und Trennens, Löten, (Kleben). Empfohlen wird für diese Gruppe Grundlehrgänge in Autogen- und Elektroschweißen zu besuchen; (beispielsweise die jeweils zweiwöchigen Grundlehrgänge des „Deutschen Verbandes für Schweißtechnik e. V.").

4. Urformverfahren
von Eisen, Nicht-Eisenmetallen

Modelltischlerei: z. B. Aufbau und Riß eines Modells, Zusammensetzung der Kastenteile und Modellkerne.

Formerei und Gießerei: z. B. Handformen mit Modellen und Schablonen, Kennenlernen von Naß- und Trockenguß, Mitarbeit in der Kernmacherei, in der Maschinenformerei und beim Gießen (Sandguß, Kokillenguß, Druckguß, Schleuderguß, Wachsausschmelzverfahren, Maskenformverfahren (Croning), $CO_2$-Verfah-

ren, Shaw-Verfahren, Vollformverfahren, Strangguß). Sintern: Herstellung von Preßteilen auf pulvermetallurgischer Basis.

5. Montage
z. B. Vor- und Endmontage in der Einzel- und Serienfertigung: Maschinen, Apparate, Anlagen.

6. Wärmebehandlung
z. B. Normalisieren, Weichglühen, Diffusionsglühen, Härten und Anlassen von Werkstücken und Werkzeugen, Einsatz- und Nitrierhärten.

7. Werkzeug- und Vorrichtungsbau
z. B. Anfertigung und Reparatur von Werkzeugen, Vorrichtungen, Spannzeugen, Meßzeugen, Schablonen.

8. Instandhaltung und Reparatur
z. B. Instandhaltung und Reparatur der Betriebsmittel und -anlagen, Produktreparatur.

9. Messen und Prüfen in der Fertigung
z. B. mechanische, elektrische, pneumatische optische Meßverfahren, Oberflächenmeßtechnik, Spezialmeßgeräte zur Kontrolle bei der Massenfertigung; Kennenlernen der Grundlagen wie beispielsweise Genauigkeitsgrade, Toleranzen, Passungssysteme, Fehlerquellen. Zusammenhang zwischen Genauigkeit und Kosten.

10. Oberflächentechnik
z. B. Oberflächenbeschichtung, (Lackieren, Galvanisieren, Emaillieren, Wirbelsintern u. a.) einschließlich der Vorbereitung.

11. Entwicklung und Konstruktion
Tätigkeit in Projekt-, Entwicklungs- und Konstruktionsabteilung

12. Arbeitsvorbereitung
Arbeitsplanung, Arbeitssteuerung

Tätigkeiten aus dem Bereich der Positionen 6–13 sollten erst nach Beendigung des 16wöchigen Grundpraktikums (1–5) begonnen werden. Ansonsten können die einzelnen Ausbildungsabschnitte in beliebiger Reihenfolge durchgeführt werden.

## I. Grundlegende Arbeiten 7–9 Woche

1. Anreißen
2. Feilen
3. Meißeln
4. Sägen
5. Bohren
6. Reiben
7. Senken
8. Gewindeschneiden v. Hand
9. Richten
10. Biegen
11. Nieten
12. Werkzeugschärfen
13. Handschmieden
14. Autogenschweißen
15. Elektroschweißen
16. Härten und Anlassen
17. Kleben

**zu I/14,15:**

Die Positionen I/14,15 können ersetzt werden durch einen Praktikantenkurs im Autogen- und Elektroschweißen. Dieser Kurs wird jeweils im Wintersemester durchgeführt. Die Anmeldung findet in der ersten Woche des Wintersemesters statt.

## II. Urformtechnik und Modelltischlerei 3 Wochen

a) Formerei und Gießerei:

Kennenlernen der:
1. Kernmacherei
2. Handformerei mit Modellen und Schablonen
3. Maschinenformerei
4. Gießerei

Kennenlernen von:
5. Naß- und Trockenguß
6. Sandguß
7. Sonderverfahren
   – Kokillenguß
   – Schleuderguß
   – Spritzguß
   – Strangguß
8. Kunststoffverarbeitung:
   – Thermoplaste
   – Duroplaste
   – Epoxydharze

b) Modelltischlerei:
1. Aufbau u. Riß eines Modells
2. Zusammensetzen d. Kastenteile und der Modellkerne

**zu II:**

Gruppe II kann durch einen dreiwöchigen Praktikantenkurs ersetzt werden. Die Anmeldung zum Kurs erfolgt in der ersten Vorlesung des Sommersemesters.

**zu IIa:**

Von den unter 5–8 aufgeführten Tätigkeiten sind mindestens zwei durchzuführen.

## III. Arbeiten an Werkzeugmaschinen 6–7 Wochen

a) Spanende Formgebung
1. Drehen
   z. B. Revolverdrehen
   Automatendrehen
   Bohrwerksdrehen
   Kopierdrehen
2. Hobeln
3. Fräsen
4. Schleifen
5. Feinbearbeitung
   z. B. Feinschleifen
   Läppen
6. Räumen

b) Spanlose Formgebung
1. Stanzen
2. Ziehen
3. Tiefziehen
4. Biegen
5. Walzen
6. Pressen
7. Gesenkschmieden

**zu IIIb:**

Von den sieben aufgeführten Tätigkeiten sind mindestens zwei durchzuführen.

## IV. Montage 3–4 Wochen

z. B. Montage und
Demontage von Baugruppen
Endmontage

## V. Messen und Prüfen 2–3 Wochen

je nach gewählter Studienrichtung
z. B. Werkstoffprüfung
Fertigungskontrolle
Flugerprobung
Prüfstand
Verfahrenskontrolle

## VI. Aufbaupraktikum 3–5 Wochen

Konstruktions- und Entwicklungstätigkeit **oder** Fertigungsvorbereitung/Fertigungssteuerung **oder** Versuchswesen.

**zu VI:** Unabhängig von der Wochenzahl kann nur ein Tätigkeitsbereich ausgewählt werden.



**Bild 6.** Zwei beispielhafte Auszüge aus Ausbildungsplänen des Industriepraktikums. Man erkennt bei den Wochenzahlen der Abschnitte eine gewisse Flexibilität der Einteilung. Der Student sollte sich bereits zu Beginn des Studiums eine Reihe von Varianten zurechtlegen, damit er das Praktikum auf die von ihm gewählte Studienrichtung anpassen kann (Quellen: TU München, RWTH Aachen; Änderung vorbehalten)

# 3 Der Ausbildungsbetrieb

Der Wahl des Ausbildungsbetriebes kommt bei der Ableistung des Industriepraktikums eine entscheidende Bedeutung zu. Die Praktikantenrichtlinien zeichnen deshalb die Eigenschaften, die ein Ausbildungsbetrieb besitzen soll, sehr genau vor. Trotzdem zeigt die Erfahrung, daß gerade bei der Auswahl des Ausbildungsbetriebs häufig Unsicherheit beim Studierenden besteht. Die Folge ist dann oft die Ablehnung der Hochschule, das Praktikum anzuerkennen. In den folgenden Abschnitten sollen deshalb Hinweise zur Definition der Ausbildungsbetriebe und der Gliederung der Ausbildung im Betrieb gegeben werden.

## 3.1 Die Definition des Ausbildungsbetriebes

Für die praktische Ausbildung kommen in erster Linie Fertigungsbetriebe in Betracht, die sich mit der Herstellung technischer Produkte befassen. Die Betonung liegt dabei auf technischer Produktion, denn ein Studierender des Maschinenbaus ist in einem Betrieb der Pharma- oder Nahrungsmittelbranche als Praktikant sicher fehl am Platze.

Der Betrieb soll also produzieren und in der Metallbranche angesiedelt sein. Dazu gehören Betriebe, die folgenden Produktgruppen zuzuordnen sind:

- Produktgruppe 1: Haushaltsgeräte,
- Produktgruppe 2: Automobile,
- Produktgruppe 3: Baumaschinen,
- Produktgruppe 4: Werkzeugmaschinen,
- Produktgruppe 5: Industrieanlagen,
- Produktgruppe 6: Flugzeuge.

Diese kurze Auflistung, die keinen Anspruch auf Vollständigkeit erhebt, zeigt deutlich den Umfang an Praktikumsmöglichkeiten und belegt auch, daß sich ein Studierender für sein Praktikum in der Regel einen Betrieb aussuchen kann, der von der Produktpalette her seinem Studiengang entspricht.

Von besonderer Bedeutung bei der Auswahl des Praktikantenbetriebes ist die Beantwortung der Frage, ob beim betreffenden Betrieb die Einsicht in moderne Fertigungsverfahren und wirtschaftliche Arbeitsweisen geboten wird, und ob dem Praktikanten die Möglichkeit offensteht, sich beispielsweise über die wirtschaftlichen und sozialen Auswirkungen von Rationalisierungs- und Automatisierungsprozessen zu informieren. Weiterhin soll ein für das Praktikum ausgewählter Betrieb Lehrlinge in metallverarbeitenden Berufen (z. B. Maschinenschlosser) ausbilden und eine eigene Lehrwerkstatt oder eine sogenannte Lehrecke besitzen. Dies ist besonders wichtig, wenn es für den Praktikanten um die Ausbildung in den Bereichen „Schraubstockarbeiten" oder „Arbeiten an Werkzeug-Maschinen" (spanend) geht. Das Vorhandensein einer Lehrwerkstatt oder Lehrecke sichert dem Praktikanten i.a. sowohl zeitlich als auch inhaltlich eine geregelte Ausbildung.

Aus Praktikantenbefragungen kann man entnehmen, wie das Ausbildungsangebot zur Betriebsgröße in Bezug zu setzen ist. Obwohl das Ausbildungsangebot regional unterschiedlich ausfallen kann, belegen die in Bild 7 dargestellten Verteilungen, daß es dem überwiegenden Teil der Studierenden möglich ist, in mittelständischen Unternehmen oder in Großbetrieben zu praktizieren.

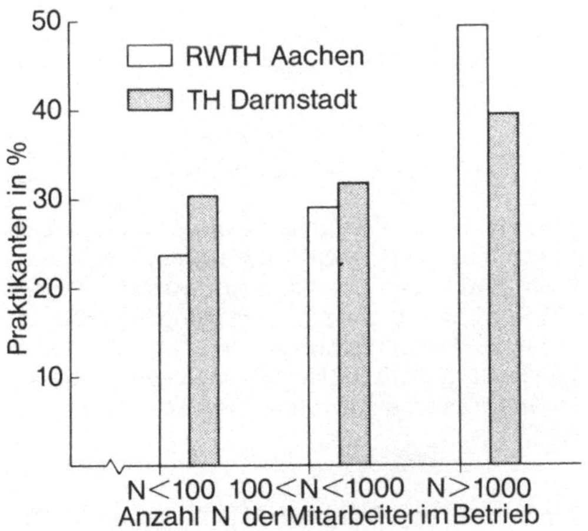


**Bild 7.** Verteilung der Praktikantenstellen in bezug auf die Mitarbeiterzahl im Betrieb (Quellen: RWTH Aachen, TH Darmstadt)

Handwerks- und Kleinbetriebe werden den Anforderungen einer Praktikantenausbildung nicht immer gerecht. Die Erfahrung zeigt, daß der Praktikant in diesen Betrieben häufig sehr stark in das allgemeine Arbeitsgeschehen integriert ist. Oft wird er mit Einzelaufgaben betraut, die es ihm im Gegensatz zur Aufgabenstellung im Rahmen der Ausbildung in der Lehrwerkstatt unmöglich machen, den technischen Zusammenhang zwischen gewissen Arbeitsschritten zu erkennen. Als einfaches Beispiel sei hier das Gewindeschneiden von Hand erwähnt. In einer der Lehrlingsausbildung angegliederten Praktikantenbetreuung werden die Tätigkeiten Bohren und Gewindeschneiden anhand von Übungsstücken erklärt. Erhält der Praktikant jedoch nur den Auftrag, ein Gewinde in einem bereits gebohrten Werkstück anzubringen, so verliert er den

Überblick über die Fertigungsfolge, die zur Erstellung einer Gewindebohrung notwendig ist (Bild 8).

Der Vergleich zeigt, daß bei Einzelaufträgen, wie sie in Kleinbetrieben häufig vorkommen, das Erkennen des fertigungstechnischen Zusammenhangs zwar nicht unmöglich gemacht, aber doch erheblich erschwert wird.

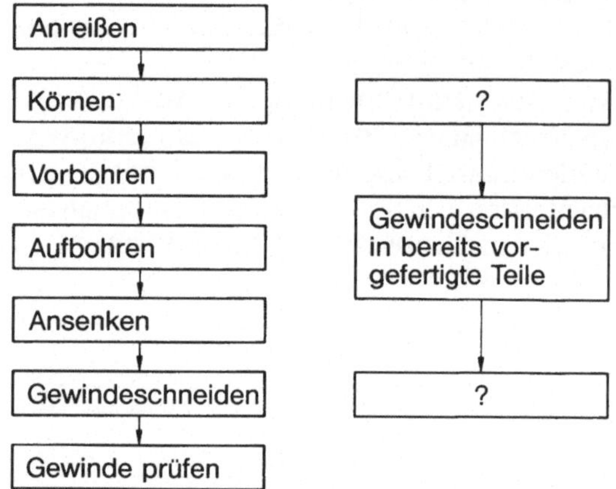


**Bild 8.** In kleineren Betrieben ist der Praktikant oft in den Fertigungsablauf mit einbezogen. Das Erkennen fertigungstechnischer Zusammenhänge, das einen Schwerpunkt des Praktikums bildet, ist nur dann möglich, wenn der Praktikant die Komplettbearbeitung eines Werkstückes im Auge behalten kann. Als Beispiel ist der einfache Fertigungsvorgang des Gewindeschneidens ausgewählt worden. Der linke Teil der Graphik zeigt den kompletten Arbeitsablauf, während rechts eine Einzelaufgabe dargestellt ist. Hier fehlen Kenntnisse über die dem Gewindeschneiden vorausgehenden und nachfolgenden Arbeitsschritte

Ähnliche Gesichtspunkte wie für die Schraubstock- und Maschinenarbeiten gelten hinsichtlich der Auswahl des Ausbildungsbetriebes beispielsweise auch für den Bereich der Montage. Hier soll der Praktikant einen Betrieb wählen oder den Bereich Montage so auf mehrere Betriebe aufgliedern, damit er gleichermaßen die Einzelstück- oder Reparaturmontage und die Serienmontage von Produkten kennenlernt.

## 3.2 Die Stellung des Praktikanten im Betrieb und seine Betreuung

Der Praktikant untersteht während seiner gesamten Praktikumszeit ohne Ausnahme der Betriebsordnung. Dies verlangt von ihm, sich beispielsweise durch Disziplin gegenüber Mitarbeitern und Vorgesetzten sowie gegenüber der Arbeitszeitregelung auszuzeichnen.

Die Betreuung des Praktikanten wird in Industriebetrieben in der Regel von einem Ausbildungsleiter übernommen, der unter der Anwendung der im Betrieb vorhandenen Ausbildungsmöglichkeiten und unter Berücksichtigung der Praktikantenrichtlinien für eine sinnvolle Ausbildung sorgt. Um dieser Aufgabe gerecht zu werden, benötigt der Ausbildungsleiter Informationen vom Praktikanten. Die Erfahrung hat gezeigt, daß Fehler in der Praktikumsableistung häufig dann auftreten, wenn der ausbildende Betrieb ungenügend über die Bedürfnisse des Praktikanten unterrichtet war.

Um Mißverständnisse zwischen Betrieb und Praktikant zu vermeiden und Schwierigkeiten bei der Anerkennung des Praktikums durch das zuständige Praktikantenamt zu umgehen, sollten dem Betrieb folgende Informationen zugänglich gemacht werden:

- die geltenden Praktikantenrichtlinien;
- Angabe über die Dauer des Praktikums, das abgeleistet werden soll (z.B. 4 Wochen, von ... bis ...);
- zeitliche und sachliche Aufschlüsselung (z.B. 1 Woche Drehen, 2 Wochen Montage, 1 Woche Messen und Prüfen);
- Angaben über Art und Form des Zeugnisses;
- Angaben über Art und Form der Berichterstattung.

Auf dem oben beschriebenen Weg kann der Praktikant somit selbst dazu beitragen, daß ihm der Betrieb eine sinnvolle Ausbildung anzubieten vermag.

Gleichzeitig weist die Informationsliste aber bereits auf den nächsten Abschnitt der Ausführungen hin. Der Betrieb sollte sich nämlich so früh wie möglich auf die Belange des Studenten einstellen können. Es ist also sinnvoll, ihm die Informationen bereits bei der Bewerbung zukommen zu lassen.


## 3.3 Die Bewerbung für eine Praktikantenstelle

Grundsätzlich ist der zukünftige Praktikant angehalten, sich selbst nach Maßgabe der Richtlinien für die praktische Ausbildung eine geeignete Stelle zu suchen. Hierbei tritt zunächst die Frage auf, wie ein Praktikantenbetrieb gefunden wird.

Bei der Suche nach dem geeigneten Betrieb können folgende Institutionen angesprochen werden:

- das für den Ausbildungsort zuständige Arbeitsamt,
- die zuständigen Industrie- und Handelskammern,
- die Handwerkskammern.

Leider kommt es über die genannten Institutionen nicht immer zu einer Vermittlung von Praktikantenstellen, aber doch wenigstens zur Benennung von zur Ausbildung geeigneten Betrieben. Somit muß sich der Praktikant selbst an den Betrieb wenden.

Weitere Hilfe bei der Suche nach Praktikantenbetrieben bieten Veröffentlichungen, wie „Wer baut Maschinen" des Verbandes Deutscher Maschinenbau-Anstalten (VDMA) oder das Branchenbuch.

Die schriftliche Bewerbung für eine Praktikantenstelle verspricht den größten Erfolg. Untersuchungen aus Aachen und Darmstadt aus dem Jahre 1982 zeigen, daß der überwiegende Teil der Bewerber nach maximal fünf Bewerbungen über eine Praktikantenstelle verfügte (Bild 9). Nur ein geringer Anteil hatte deutlich über 15 Bewerbungen zu verbuchen. Interessant ist auch die Auswirkung persönlicher Kontakte zu einem Betrieb (etwa durch ein früher dort abgeleistetes Praktikum), die die Chancen für den Erhalt eines Ausbildungsplatzes deutlich verbessern. Nach heutigen Erfahrungen haben sich die Gegebenheiten kaum gegenüber 1982 geändert.

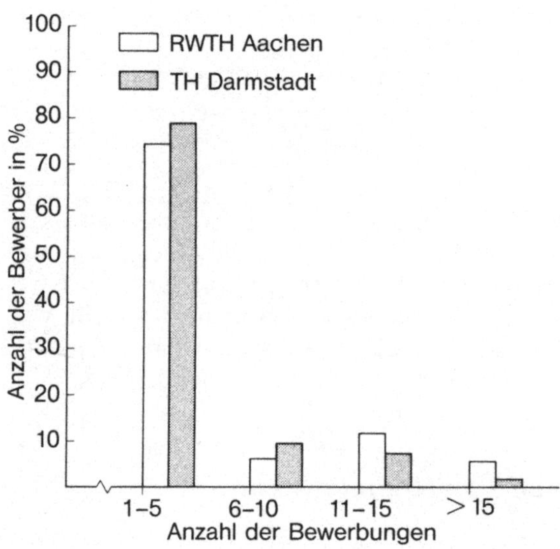


**Bild 9.** Anzahl der Bewerbungen, die zum Erhalt einer Praktikantenstelle nötig waren. Insgesamt kamen ca. 90% der Praktikanten mit maximal 10 Bewerbungen aus. Die schriftliche Bewerbung verspricht den größten Erfolg (Quellen: RWTH Aachen, TH Darmstadt)

Ein weiterer Gesichtspunkt bei der Wahl der Praktikantenstelle dürfte das Entgelt sein. Hier empfiehlt es sich jedoch, nicht allzusehr auf ein „großes Monatseinkommen" zu setzen. Abgesehen von geringfügigen regionalen Unterschieden liegen die Bezahlungen für Praktikantenstellen zwischen 0 und 450,– DM (Bild 10).

Aus den Ergebnissen von Untersuchungen über die Bezüge von Praktikanten geht eindeutig hervor, daß Verdienste über 600,– DM sehr selten sind. Da

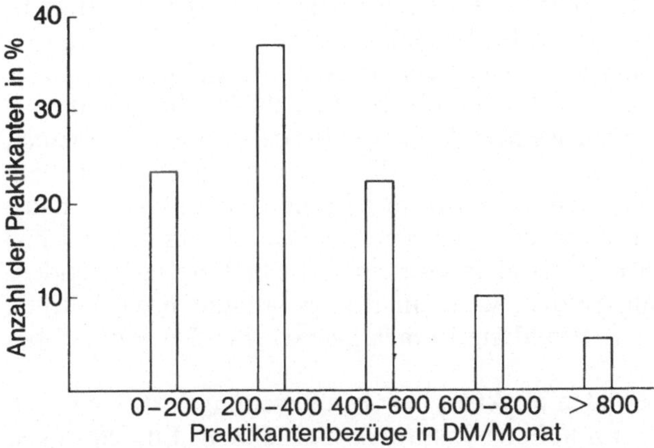



**Bild 10.** Verteilung der Bezüge von Praktikanten in DM/Monat. Die Daten wurden aus einer Durchschnittsbildung von Befragungen an acht Hochschulen gewonnen. Es zeigt sich ein Schwerpunkt im Bereich zwischen 0,– und 400,– DM (ca. 60% der Betriebe)

dann in Einzelfällen eine starke Einbindung des Praktikanten in den Produktionsprozeß zu beobachten war, wenn ein hohes Entgelt gezahlt wurde, liegt dies also auch nicht immer auf der von den Richtlinien geforderten Ausbildungsebene (vgl. Abschnitt 3.1).

## 3.4 Der Praktikantenvertrag

Der Praktikantenvertrag stellt für den Praktikanten und gleichermaßen für den Ausbildungsbetrieb ein wichtiges Dokument dar. Zwar kann der Praktikantenvertrag nicht zur Anerkennung des Praktikums herangezogen werden (hierzu dient das Zeugnis), aber durch die beiderseitigen Vereinbarungen ist die geregelte Ausbildung gewährleistet.

Im Praktikantenvertrag werden sowohl die Praktikumsdauer als auch die Rechte und Pflichten des Betriebes und des Praktikanten rechtsverbindlich dargelegt.

## 3.5 Besonderheiten im Zusammenhang mit Praktikantenstellen

In diesem Abschnitt sollen Abweichungen von der üblichen Gestaltung des Praktikums im Hinblick auf die Wahl des Ausbildungsbetriebs besprochen werden.

Nach den Praktikantenrichtlinien ist die Ausbildung in Fertigungsbetrieben abzuleisten. Es gibt hier jedoch einige Ausnahmen. Diese Ausnahmen betreffen

Ausbildungswerkstätten, die nicht in Fertigungsbetriebe eingegliedert sind. In vielen Branchen sind beispielsweise den Produktionswerkstätten Wartungseinheiten angegliedert. Hier werden Maschinenteile repariert und gewartet oder auch Maschinenteile in kleinem Umfang für den Eigenbedarf hergestellt.

Bietet sich dem Praktikanten in einem derartigen Betrieb, der also von seinen Produkten her zunächst nicht in der Metallbranche angesiedelt ist, eine Ausbildungsmöglichkeit, so muß er sich beim zuständigen Praktikantenamt unbedingt vor Antritt der Stelle über die Anrechenbarkeit des Praktikums informieren. In der Regel muß nämlich von einer Ausbildung insbesondere dann Abstand genommen werden, wenn in den genannten mechanischen Werkstätten keine Lehrlingsausbildung in metallverarbeitenden Berufen besteht.

Eine weitere Ausnahme bilden Praktika bei Großforschungsinstituten (z. B. Max-Planck-Gesellschaft, Fraunhofer-Institute). Bei diesen Einrichtungen trifft man oft sehr leistungsfähige mechanische Werkstätten an, die industriemäßig bis hin zum Vorhandensein einer eigenen Abteilung für Arbeitsvorbereitung organisiert sind. Die hier genannten Werkstätten sind grundsätzlich zur Ableistung eines Teilpraktikums geeignet. Es empfiehlt sich jedoch auch hier immer die Rücksprache mit dem zuständigen Praktikantenamt.

Etwas anders ist der Fall bei Werkstätten gelagert, die Hochschulinstituten angegliedert sind. Die hier abgeleisteten Praktika können nur mit Einschränkungen und in begründeten Ausnahmefällen anerkannt werden. Ein Praktikant, der beispielsweise eine derartige Stelle für das Praktikum vor Studienbeginn wählt, geht ein hohes Risiko ein. Wird das Praktikum nicht oder nur teilweise angerechnet, so kann die Folge der Verlust des Studienplatzes sein. Eine vorherige Kontaktaufnahme mit dem Praktikantenamt ist also zwingend erforderlich.

Ebenso wie Praktika an Hochschulinstituten werden Werkstudententätigkeiten behandelt. Auch sie sind nur im Ausnahmefall auf die Pflichtpraxis anrechnungsfähig, da ja das Arbeitsverhältnis als Werkstudent in der Regel keine angeleitete Ausbildung im Sinne der Praktikantenrichtlinien darstellt. Eine Rücksprache mit dem Praktikantenamt der zuständigen Hochschule muß hier möglichst vor Antritt der Stelle Klarheit über die Bedingungen der Praktikumsanrechnung schaffen.


## 3.6 Praktikantenstellen bei der Bundeswehr

Die Praktikumsableistung bei technischen Einheiten der Bundeswehr nimmt im Rahmen des Industriepraktikums einen Sonderstatus ein. In der Regel wird die meist teilweise durchgeführte Anerkennung der Ausbildung bei der Bundeswehr vom Ausbildungsort abhängig gemacht. Als Ausbildungsort soll hier die Art der Kompanie im Sinne von Praktikantenstelle verstanden werden.

Für Maschinenbauingenieure kommen in diesem Fall vor allem die Instandsetzungskompanien in Frage, die sich mit der Wartung des Fahrzeugparks befassen (Stichwort: Kfz/Pz-Schlosserausbildung). Auch bei der Wartung von fliegendem Gerät können Arbeiten anfallen, die auf die Pflichtpraxis anrechnungsfähig sind. Die genaue Auskunft über die Anrechnung ist beim Praktikantenamt einzuholen. Hier erfährt der Praktikant auch, welche Nachweise für eine Anrechnung der Bundeswehrtätigkeiten gefordert werden.

Über die oben genannten Tätigkeiten hinaus besteht die Möglichkeit, an Abend- und Wochenendkursen des Berufsförderungsdienstes teilzunehmen. Diese Kurse befassen sich in der Regel mit Arbeiten am Schraubstock (Anreißen, Feilen etc.) oder einfachen Maschinenarbeiten wie Drehen. Darüber hinaus werden oftmals auch Schweißkurse beim Deutschen Verband für Schweißtechnik (DVS) angeboten.

Für die anrechnungsfähige Zeit von Praktika bei der Bundeswehr existieren in den Vorschriften für die betriebliche Ausbildung Höchstquoten (in München z.B. 9 Wochen). Die Zeit der Grundausbildung ist in keinem Fall auf die Pflichtpraxis anrechnungsfähig.

Bereits bei der Wehrerfassung besteht die Möglichkeit auf den Studienwunsch „Maschinenbau" hinzuweisen. Der Ansprechpartner hierfür ist das zuständige Kreiswehrersatzamt. In vielen Fällen kann der Wehrdienstleistende erreichen, in Kompanien Dienst zu tun, deren Tätigkeitsspektrum maschinenbauorientiert ist. Ein Anspruch auf eine dementsprechende Zuweisung der Kompanie besteht jedoch nicht.

# 4 Praktikumsanerkennung

Nach der Ableistung des Praktikums muß der Praktikant gegenüber der Hochschule den Nachweis über seine Ausbildung führen. Die Nachweise müssen erkennen lassen, daß eine den Richtlinien entsprechende Ausbildung stattgefunden hat. Die Überprüfung der Unterlagen nimmt das Praktikantenamt der zuständigen Hochschule vor.

## 4.1 Der Praktikumsnachweis

Zum Nachweis der abgeleisteten Industriepraxis gegenüber der Hochschule dienen das Praktikantenzeugnis und das Praktikantenbuch. Beide genannten Teile haben sich dabei an gewissen Formvorschriften zu orientieren.

Das Praktikantenzeugnis (Bild 11) ist in verschiedene Rubriken unterteilt. Den Kernpunkt dabei bildet der Tätigkeitsnachweis. In diesem Abschnitt listet die Firma die einzelnen durchgeführten Tätigkeiten mit der zugehörigen Zeitdauer auf. Diese Art des spezifizierten Zeugnisses ermöglicht es dem Praktikantenamt bei der Anerkennung des Praktikums die Gesamtdauer auf die einzelnen Abschnitte des Ausbildungsplans zu verteilen.

In Großbetrieben wird häufig die Spezifizierung der Zeugnisse vernachlässigt, indem anstatt der einzelnen Tätigkeiten, die abgeleistet wurden, die Werkstätten oder Abteilungen aufgelistet werden, in denen das Praktikum stattfand. Das Praktikumszeugnis verliert dadurch zwar nicht seinen Wert als Dokument über die erfolgreiche Ableistung der Industriepraxis, wohl ist aber seine Aussagekraft bezüglich des Tätigkeitsfeldes des Praktikanten stark eingeschränkt. Für die Praktikumsanerkennung kann der Mangel an Aussagekraft allerdings bedeuten, daß die Praktikumszeiten zwar angerechnet werden, eine Anrechnung bestimmter Tätigkeiten in einem Ausbildungsabschnitt jedoch zunächst unterbleibt. Dies kommt insbesondere dann vor, wenn zusätzlich zum nichtspezifizierten Zeugnis die sogenannten Tageseintragungen (s. Abschnitt 5.4) Lücken aufweisen. Um Schwierigkeiten und Verzögerungen bei der Anerkennung zu vermeiden, empfiehlt es sich daher, im Praktikantenbuch einen genauen Ausbildungsplan mit Angabe der einzelnen Tätigkeiten und Zeiten einzutragen und diesen dann von der Firma durch Stempel und Unterschrift bestätigen zu lassen.

Der zweite Teil des Praktikumsnachweises wird von der Berichterstattung gebildet. Somit muß der Praktikant große Sorgfalt auf die Erstellung seines

# PRAKTIKANTENZEUGNIS

Herr/Frau ________________________________________

geboren am ____________________ in ____________________

ist vom ____________________ bis ____________________

zur praktischen Ausbildung folgendermaßen beschäftigt gewesen:

| Art der Tätigkeiten nach Ausbildungsplan | Wochen |
|---|---|
|  |  |
|  |  |
|  |  |
|  |  |
|  |  |
|  |  |
|  |  |
|  |  |
|  |  |
| Wochen gesamt |  |

Führung ____________________ Leistung ____________________

Besondere Bemerkungen ________________________________________

________________________________________________________________

Er/Sie hat am Werkunterricht ______ Stunden/Woche teilgenommen.
Fehltage während der Beschäftigungsdauer (gesamt) ______ Tage;
davon ______ Tage Urlaub, ______ Tage Krankheit, ______ Tage sonstige
Abwesenheit.
Der Praktikant hatte in der Arbeitsordnung keine Ausnahmestellung.
Es sind ihm ausgehändigt worden: das von ihm geführte Praktikantenbuch, ferner ____________________________________________

Ort ____________ , den ____________ ____________________

Firmenstempel/Unterschrift

**Bild 11.** Gliederung des Praktikantenzeugnisses. Das Zeugnis muß neben den persönlichen Daten des Praktikanten die genaue Tätigkeits- und Zeitaufteilung des Praktikums enthalten (vgl. Bild 14)

Praktikantenbuches verwenden. Da es sich bei der Berichterstattung um ein sehr komplexes Gebiet handelt, wird ihm in den Richtlinien meist ein eigener Abschnitt zugeordnet.

Die Berichterstattung unterliegt dabei einer Anzahl von Inhalts- und Formvorschriften. Trotzdem lassen sich jedoch die verschiedenen Forderungen der einzelnen Universitäten bei genauer Prüfung rasch auf einen Nenner bringen. Innerhalb dieses Abschnittes soll aber nicht auf die sachlichen Inhalte der Berichterstattung eingegangen werden. Dies bleibt einem eigenen Abschnitt vorbehalten, der sich mit praktischen Hinweisen zur Durchführung des Praktikums auseinandersetzt (Abschnitt 5.4).

In diesem Rahmen steht der formale Aufbau der Berichterstattung im Vordergrund. Bei der Zeugnisausfertigung wurde bereits darauf hingewiesen, daß die Tätigkeitsbereiche und Tätigkeiten während des Praktikums sowie die Zeiten, in denen die Ausbildung stattfand, möglichst genau spezifiziert sein sollen. Unabhängig vom Aussehen des Zeugnisses empfiehlt es sich daher, im ersten Teil der Berichterstattung eine genaue Auflistung des Ausbildungsganges anzufertigen.

Der zweite Teil der Berichterstattung beschäftigt sich dann mit den sogenannten Tageseintragungen. Die Tageseintragungen sind als eine Kurzfassung der Ausbildungsgegenstände zu verstehen, wobei auch die zeitliche Einteilung eines jeden Ausbildungstages zu berücksichtigen ist. Es ist demnach anzugeben, an welchem Tag welche Arbeiten gemäß Ausbildungsplan abgeleistet wurden. Darüber hinaus sollten immer die bearbeiteten Werkstücke aus den Tageseintragungen ersichtlich sein. Als besonders wichtig ist die zeitliche und sachliche Übereinstimmung von Zeugnis, Ausbildungsgang (Teil 1 der Berichterstattung) und Tageseintragungen (Teil 2 der Berichterstattung) zu bewerten.

Der dritte Teil der Berichterstattung wird von den wöchentlich anzufertigenden Arbeitsberichten gestellt. Diese Wochenberichte beziehen sich immer auf konkrete Bearbeitungsbeispiele oder im Bereich der Montage und des Messens auf konkrete Montagebeispiele oder Meßaufgaben. Von einer insgesamt gesehen fachbuchartigen Darstellung (Beispiele für Berichtsüberschriften: Das Bohren, Das Drehen usw.) ist Abstand zu nehmen. Die zur Bearbeitung eines Werkstücks benötigten theoretischen Kenntnisse können vielmehr im Rahmen des Arbeitsberichtes als Begründungen für bestimmte Arbeitsweisen eingesetzt werden.

## 4.2 Praktikumsnachweis und Anerkennung in Sonderfällen

Von der regulären Ableistung des Praktikums in Industriebetrieben abgesehen, gibt es eine Reihe von Sonderfällen von Tätigkeiten im Rahmen anderer Ausbildungsgänge, die bei der Anrechnung der Pflichtpraxis zu berücksichtigen sind. Hier sind zunächst abgeschlossene Berufsausbildungen zu nennen. In

Abhängigkeit von der Art der Berufsausbildung (Lehre, abgeschlossenes Studium usw.) und der Branche, in der die Ausbildung stattfand, kann ein mehr oder weniger großer Anteil der Pflichtpraxis für das Maschinenbaustudium als abgeleistet betrachtet werden.

Wird eine abgeschlossene Lehre zur Anrechnung auf die Pflichtpraxis eingereicht, so muß im Einzelfall über das zeitliche Maß der Anerkennung entschieden werden. Der Student kann das Praktikantenamt unterstützen, indem er zusätzlich zu seinem Facharbeiterbrief das sogenannte Berufsbild einreicht. Im Berufsbild sind diejenigen Tätigkeiten aufgeführt, die während der Ausbildungszeit zu erlernen sind. Es handelt sich beim Berufsbild also im weitesten Sinne um einen Ausbildungsplan. Werden über die im Berufsbild genannten Tätigkeiten Kenntnisse im Rahmen der Ausbildung vermittelt, so können diese auch in einer separaten, vom Ausbildungsbetrieb beglaubigten Auflistung festgehalten und beim Praktikantenamt eingereicht werden.

Handelt es sich bei der abgeschlossenen Berufsausbildung um ein Fachhochschulstudium, so sind die Praxiszeiten durch Zeugnisse und gegebenenfalls durch die Berichterstattung nachzuweisen. Das Praktikantenamt entscheidet dann über den Umfang der Anerkennung.

Eine weitere Möglichkeit der teilweisen Anrechnung von Praktikumszeiten besteht für Absolventen von Fachoberschulen (FOS) und Technischen Gymnasien. Tätigkeiten, die mit dem Ausbildungsplan übereinstimmen, werden gegen eine nach Zeiten und Art der Tätigkeit spezifizierte Bescheinigung der Schule angerechnet. Den zeitlichen und sachlichen Umfang der Anerkennung legt das zuständige Praktikantenamt fest.

Ebenfalls zu den Sonderfällen sind Auslandspraktika zu rechnen. Grundsätzlich gelten für die Ableistung von Teilpraktika im Ausland die Richtlinien in uneingeschränktem Maße. Das Praktikantenamt legt jedoch die Anerkennung nach Vorlage von Zeugnissen und Berichten fest, wobei u. U. auch nur eine Teilanerkennung ausgesprochen werden kann. Studienanfänger sollten nach den vorliegenden Erfahrungen von einem Auslandspraktikum Abstand nehmen. Dies gilt insbesondere deshalb, weil sich der Student mit der deutschen Fachterminologie vertraut machen soll. Auch ist zu bemerken, daß es Länder gibt, in denen eine angeleitete Ausbildung für Lehrlinge und Praktikanten nach dem in Deutschland üblichen Muster unbekannt ist. Dies erschwert dem Praktikanten die Ableistung einer den Richtlinien entsprechenden Praxis. Wird daher ein Auslandspraktikum angestrebt, so muß sich der Praktikant bei der Firma vergewissern, ob eine Ausbildung nach den Erfordernissen der Richtlinien möglich ist. Dies gilt gleichermaßen für Studienanfänger und Studierende in höheren Semestern.

Für den Studienanfänger ergibt sich, wie bereits angedeutet, ein erhöhtes Risiko bei Aufnahme eines Auslandspraktikums in zweierlei Hinsicht. Auf der einen Seite kann durch die gegenüber deutschen Verhältnissen anders gearteten Praktikantenausbildung u. U. nicht der erforderliche Kenntnisstand erreicht werden (vgl. auch Abschnitt 2.2), während auf der anderen Seite das Risiko einer nicht vollständigen Anrechnung des Praktikums gegeben ist und damit die notwendige Wochenzahl zur Aufnahme des Studiums nicht mehr erreicht wird.

Studierende in höheren Semestern sind gegenüber Studienanfängern dagegen häufig durch den Ausbildungsplan der Praktikantenrichtlinien gezwungen, für ihr weiteres Praktikum bestimmte Tätigkeiten auszuwählen. Im Falle eines Auslandspraktikums ist es daher von großer Wichtigkeit, daß der Praktikant mit der Firma das Tätigkeitsfeld genau abgeklärt hat, bevor er das Praktikum antritt. Häufig werden von den Firmen im Ausland nur allgemeine Zusagen gemacht. Es besteht dann das Risiko, daß die benötigten Praktikumsteile überhaupt nicht oder nur unvollständig zu absolvieren sind. Unter dem stets vorrangig zu sehenden Aspekt der zügigen Ableistung des Pflichtpraktikums wäre somit ein Teil der nutzbaren Zeit vergeudet worden, da das Praktikantenamt die Anerkennung ganz oder teilweise verweigern muß.

Es empfiehlt sich deshalb immer, vor Antritt eines Auslandspraktikums mit dem zuständigen Praktikantenamt Kontakt aufzunehmen. Die Kontaktaufnahme sollte aber erst dann stattfinden, wenn der Praktikant Art und Größe des Betriebes, die Produktpalette und die Ausbildungsmöglichkeiten geklärt hat. Nur dann kann das Praktikantenamt nämlich zu einer Aussage kommen. Generell gültige Aussagen über die Anrechnungsfähigkeit von Auslandspraktika bestehen nicht.


## 4.3 Anerkennung von ausländischen Praktika

Im Gegensatz zu Auslandspraktika, die von deutschen Studenten durchgeführt werden, gibt es auch die Möglichkeit, daß Ausländer in ihrem Heimatland praktizieren. Diese Möglichkeit sei hier nur der Vollständigkeit halber erwähnt, denn die Ableistung von Praktika im Heimatland muß in jedem Einzelfall geprüft werden. Generelle Aussagen über den Rahmen der zeitlichen und sachlichen Anerkennung lassen sich nicht treffen.

Da das Risiko einer Nichtanerkennung ausländischer Praktika erfahrungsgemäß relativ hoch ist, ist dem ausländischen Studienbewerber zu raten, das benötigte Vorpraktikum in Deutschland abzuleisten und sich dann darüber hinaus mit dem zuständigen Praktikantenamt über die Anerkennung der ausländischen Praktikumsleistungen zu verständigen.

Ausländische Studenten außerhalb des deutschen Sprachraums, die während des Studiums zum Zweck der Praktikumsableistung in ihr Heimatland zurückkehren wollen, sollten sich ebenfalls vor Antritt des Praktikums mit dem Praktikantenamt in Verbindung setzen.

# 5 Erläuterungen zur Durchführung und zum Aufbau des Praktikums

Die bisherigen Abschnitte befaßten sich fast ausschließlich mit theoretischen Überlegungen zum Praktikumsablauf. Die Aufgabenstellung dieses Buches ist es aber auch, die Grundlagen für eine effektive Nutzung der Praktikantenzeit aufzuzeigen und bei der Durchführung des Praktikums zu helfen.

Zum Aufbau des Praktikums sollen die nachfolgenden Abschnitte nun jeweils praktische Hinweise geben. Dabei wird die bisherige Strukturierung in zeitlicher Hinsicht beibehalten. Die Gliederung läuft also von der Bewerbung über die Praktikumsableistung im Betrieb bis hin zur Ausstellung des Zeugnisses und der Anfertigung der Berichterstattung.

## 5.1 Stellensuche und Bewerbung

Unabhängig davon, ob es sich um die Suche einer Praktikantenstelle für das Vorpraktikum handelt oder um das weiterführende Praktikum während des Studiums, gibt es eine Reihe von Punkten, die für eine erfolgreiche Bewerbung wichtig sind.

Zunächst sollte, wie bereits in Abschnitt 2.3 beschrieben, die Aufstellung eines Studienplanes nach Maßgabe der ausgewählten Universität erfolgen. Als Hilfsmittel hierzu dienen das Vorlesungsverzeichnis sowie die Praktikantenrichtlinien.

Um eine bessere Übersicht zu gewinnen, sind die Hilfsmittel zur Erstellung des Studienablaufs in Tabelle 1 zusammengefaßt. Dabei sind in dieser Aufstellung auch die Schwerpunkte enthalten, die bei der Planung des Studienablaufs von vorrangiger Bedeutung sind. Selbstverständlich ist es dringend anzuraten, die Richtlinien für die praktische Ausbildung vollständig durchzuarbeiten. Für die Erstellung des Studienplans genügen aber zunächst die in Tabelle 1 aufgeführten Punkte. Tabelle 2 ermöglicht in Anlehnung an Bild 3 den Aufbau eines persönlichen Studienplanes.

Mit den so gewonnenen Informationen zum Studiengang lassen sich dann die Punkte für eine gezielte Bewerbung um eine Praktikantenstelle zusammenstellen. Dabei ist zu berücksichtigen, ob es sich um eine Bewerbung für ein Vorpraktikum handelt oder um eine Bewerbung für Praktikumsteile, die

**Tabelle 1.** Informationsquellen zur Erstellung eines Studienplanes. Alle Arten der Information sind bereits vor Studienbeginn zugänglich. Dadurch wird die Planung des Studiums schon vor der Einschreibung ermöglicht.

| Informationsquelle | Art der Information | Bezugsquelle |
| --- | --- | --- |
| Vorlesungsverzeichnis | Studienvoraussetzungen | Unversitätsbuchhandel |
| | Verteilung der Vorlesungen und Übungen sowie Universitätspraktika | |
| Prüfungsordnung*) | Prüfungstermine Prüfungsplan | Universitätsverwaltung |
| Praktikantenrichtlinien | Dauer und Aufteilung des Praktikums Vorpraktikum | Praktikantenamt |
| | Praktikantenzeiten für Prüfungen | |
| | Ausbildungsplan | |

*) Zeitliche Lage der Prüfungen u. U. gesondert erfragen!

während des Studiums abgeleistet werden sollen. In jedem Fall ist zunächst der Inhalt des Praktikums gemäß Ausbildungsplan festzulegen.

Als nächstes wird der Zeitraum ausgewählt, zu dem das Praktikum stattfinden soll. Dabei sollte eine gewisse Flexibilität hinsichtlich der Dauer und des Beginns des Praktikums gewahrt bleiben, denn man weiß zu diesem Zeitpunkt noch nicht, ob der später ausgewählte Ausbildungsbetrieb ein Praktikum im gewünschten Zeitraum auch wirklich anbieten kann. Eine Woche ist als zeitlicher Spielraum erfahrungsgemäß ausreichend.

Besonders zu beachten ist für die zeitliche Lage des Praktikums auch der Zeitraum zwischen dem letzten Junidrittel und Anfang September. Hier wird von den Firmen gern abhängig von den Schulferien der Betriebsurlaub plaziert. Während es Betriebsurlaubes findet in der Regel keine Praktikantenausbildung statt.

Ein Studienanfänger, der sein Vorpraktikum ableisten will, muß sich also genau über die Termine des Betriebsurlaubes erkundigen, damit ein Praktikum der erforderlichen Länge sichergestellt ist. Notfalls muß der Praktikant sein Vorpraktikum in zwei oder mehreren Betrieben ableisten.

Zu der zeitlichen Festlegung des Praktikums tritt nun die sachliche Eingrenzung. Die Praktikantenrichtlinien geben einen detaillierten Ausbildungsplan vor. Aus diesem Plan können die Teilpraktika mehr oder weniger beliebig zusammengesetzt werden (ggfs. spezielle Regelungen bezüglich der Ableistung von bestimmten Praktika zu bestimmten Zeiten beachten). Für Studienanfänger empfiehlt es sich, mit den sogenannten Schraubstockarbeiten

**Tabelle 2.** Vordruck für die Erstellung eines Studienplans (vgl. Bild 3)

| Spalte 1 | Spalte 2 | Spalte 3 | Spalte 4 | Spalte 5 |
| --- | --- | --- | --- | --- |
| Wochen Vorpraxis | Wochen Vorpraxis | Wochen Vorpraxis | Wochen Vorpraxis | Wochen Vorpraxis |
| WS | WS | WS | WS | WS |
| SS | SS | SS | SS | SS |
| WS | WS | WS | WS | WS |
| SS | SS | SS | SS | SS |
| WS | WS | WS | WS | WS |
| SS | SS | SS | SS | SS |
| WS | WS | WS | WS | WS |
| SS | SS | SS | SS | SS |
| WS | WS | WS | WS | WS |
| SS | SS | SS | SS | SS |

☐ Praktikum   ▦ 1. Teil der Diplomvorprüfung (DVP I)   ▨ 2. Teil der Diplomvorprüfung (DVP II)   ▩ Diplomhauptprüfung (DHP) (auch „Grundlegende Arbeiten" genannt) zu beginnen, da so ein gutes Fundament für die weitere Ausbildung geschaffen wird. Die Schritte zur zeitlichen und sachlichen Planung des Praktikums sind in Tabelle 3 dargestellt.

Sind die Rahmendaten für das Praktikum in der beschriebenen Weise festgelegt, so kann mit der konkreten Auswahl des Betriebs begonnen werden. In Abschnitt 3.1 ist die Definition eines Praktikantenbetriebes genau erläutert. Die einzelnen Punkte sind in Tabelle 4 noch einmal zusammengestellt.

**Tabelle 3.** Vorgehensweise bei der zeitlichen und sachlichen Planung der Industriepraxis. Da das Praktikum eng mit dem Studium verbunden ist, ist die Planung auch unter Berücksichtigung des Vorlesungsstoffes vorzunehmen, damit u. U. Vorkenntnisse erworben werden (z. B. im Bereich Konstruktion)

| Vorgehensweise | Zu beachtende Punkte |
| --- | --- |
| *Schritt 1*<br>zeitliche Festlegung<br>des Praktikums | zeitliche Rahmenbedingungen<br><br>— Einschreibtermine<br>  (bei Vorpraktikum)<br><br>— Dauer des Vorpraktikums<br><br>— Lage der Semesterferien<br>  (bei weiterführenden Praktika)<br><br>— zeitliche Lage der Prüfungen<br>  (u. U. in den Semesterferien!)<br><br>— Betriebsurlaub von Firmen<br>  einkalkulieren |
| *Schritt 2*<br>sachliche Festlegung des Praktikums | — Tätigkeiten, die abgeleistet werden sollen<br>— Vorauswahl von Betrieben |

**Tabelle 4.** Hauptauswahlkriterien für den Ausbildungsbetrieb

| Eigenschaften des Ausbildungsbetriebes | Bemerkungen |
| --- | --- |
| Produktionsbetrieb des<br>Sektors Maschinenbau | — Fahrzeugindustrie<br>— Werkzeugmaschinen<br>— Industrieanlagen<br>— Luft- und Raumfahrt usw. |
| Lehrlingsausbildung<br>in metallverarbeitenden Berufen | gewährleistet<br>geregelte Ausbildung |
| moderne Fertigungstechnik | wichtig zum Erkennen moderner Produktions-<br>techniken, z. B. NC-Maschinen, Montage,<br>rechnergestützte Qualitätssicherung |

Im Zusammenhang mit der Auswahl des Ausbildungsbetriebs sei hier noch einmal auf die Möglichkeit hingewiesen, nach Absprache mit dem Praktikantenamt Teile des Praktikums auch beispielsweise in Werkstätten von Großforschungsinstituten (Max-Planck-Gesellschaft, Fraunhofer-Institute usw.) und bei Behörden (Post, Bahn) abzuleisten. Um das Praktikum zu planen, ist es allerdings erforderlich, genaue Informationen am Praktikantenamt über die Quoten der zeitlichen und sachlichen Anerkennung einzuholen.

Von der Ableistung des Praktikums in handwerklichen Kleinbetrieben und in Hochschulinstituten sollte, wie bereits gesagt, Abstand genommen werden.

Nachdem nun alle für die Praktikumsableistung notwendigen Daten zusammengefaßt sind, kann die konkrete Auswahl des Ausbildungsbetriebs erfolgen. Da nicht damit zu rechnen ist, daß die erste Bewerbung sofort zum Erfolg führt, ist es ratsam, sich eine Palette von Firmen auszuwählen.

Die Bewerbung sollte in jedem Fall schriftlich erfolgen, denn erfahrungsgemäß führen Telefonate nur selten zum Erfolg, weil mit zunehmender Größe des Betriebs ein wachsender Bedarf an schriftlichen Vorgängen vorhanden ist. Schließlich ist die eigene Bewerbung für eine Praktikantenstelle mit Sicherheit nicht die einzige. Außerdem bildet eine schriftliche Bewerbung auch immer eine Grundlage für die Beurteilung des Bewerbers. Deshalb sollten in einem Bewerbungsschreiben auch konkrete Angaben zur Person enthalten sein.

Die Bewerbung für eine Praktikantenstelle muß die nachfolgend aufgeführten Daten enthalten:

- Name, Vorname, Geburtsort, Geburtsdatum;
- Studienrichtung (z.B. Maschinenbau/Konstruktion);
- Universität (z.B. TU München);
- Stand des Studiums (z.B. 4. Semester);
- Art des Praktikums (Vorpraktikum oder weiterführendes Praktikum);
- terminliche Vorstellung für das Praktikum, möglichst mit Angabe einer Alternative;
- Art der Praktikumstätigkeit (auch hier, wenn möglich, Alternativen nennen);
- Ausbildungsplan gemäß Richtlinien der Universität.

Darüber hinaus sollten dem an einer Ausbildung interessierten Betrieb, sofern er keine oder geringe Erfahrung bei der Ausbildung von Praktikanten besitzt, Informationen über die Art des Zeugnisses und die Form der Berichterstattung gegeben werden.


## 5.2 Durchführung des Praktikums im Betrieb

Von der Durchführung des Praktikums im Betrieb hängt wesentlich der Lernerfolg ab. Deshalb wird der überwiegende Teil der Firmen bereits vor Beginn des Praktikums anhand der Bewerbungsunterlagen für jeden Praktikanten einen konkreten Durchlaufplan erstellen.

Von diesem Durchlaufplan (auch Versetzungsplan genannt) sollte der Praktikant gleich bei Antritt seines Praktikums Kenntnis haben. Es besteht dadurch für ihn die Möglichkeit, sich rechtzeitig auf das oder die Themengebiete mit Hilfe der Fachliteratur vorzubereiten (Fachbücher im Literaturverzeichnis), so daß bei der praktischen Unterweisung bereits theoretische Kenntnisse vorhanden sind.

Die Vorbereitung auf das Praktikum ist besonders von Bedeutung, wenn das Kennenlernen von Arbeitsverfahren, bei denen ein Werkstück aus dem Rohmaterial durch bestimmte Bearbeitungstechniken in den gebrauchsfertigen Endzustand übergeführt wird, im Vordergrund steht. Auch bei der Anwendung der Meßtechnik zur Qualitätssicherung spielt die Vorbereitung eine wichtige Rolle. Im Bereich der Montage stößt eine gezielte Vorbereitung jedoch auf Schwierigkeiten, da hier die Vorgehensweise beim Montageablauf sehr stark von der an den Praktikanten herangetragenen Aufgabe abhängig ist.

Die theoretische Vorbereitung auf bestimmte Themengebiete und das gezielte Sammeln von Information während der Ausbildung bilden also den Hauptteil des Praktikums. Dabei sind Unterschiede des Informationsflusses in Abhängigkeit von der Tätigkeit und des Tätigkeitsfeldes (Lehrwerkstatt oder Produktion) zu verzeichnen. Tabelle 5 stellt die Informationsquellen und typischen Informationen vor Beginn des Praktikums zusammen. Dabei wird die Einteilung des Ausbildungsganges in einzelnen Themengruppen beibehalten.

Die Information über bestimmte Themengebiete des Praktikums vor dessen Beginn vermittelt ein theoretisches Fundament. Ausgehend hiervon muß die Informationserfassung während des Praktikums gesehen werden. Während der Ausbildung beobachtet der Praktikant die Umsetzung theoretischer Arbeitsregeln in die Praxis. Sehr wichtig ist dabei, daß der Praktikant selbst nicht unbedingt mit der Herstellung eines Werkstückes betraut sein muß. Es genügt auch, wenn er den Bearbeitungsvorgang durch Beobachten erfaßt. Es steht also nicht die handwerkliche Fertigkeit, sondern das Erkennen fertigungstechnischer Zusammenhänge im Vordergrund. Um diese Zusammenhänge erfassen zu können, bedarf es jedoch einer detaillierten Vorbereitung.

Bei der Vorbereitung auf bestimmte Themengebiete ist zunächst einmal zu prüfen, zu welchem Abschnitt des Ausbildungsganges sie zuzuordnen sind. Danach richtet sich nämlich die Art der Vorbereitung. Das Beispiel hierzu soll sich mit denjenigen Teilen der Ausbildung beschäftigen, bei denen das Bearbeiten von Werkstücken durch spanende oder spanlose Arbeitsverfahren im Vordergrund steht. Die Bearbeitung kann dabei sowohl von Hand als auch mit Maschinen durchgeführt werden (vgl. Ausbildungspläne).

Im Praktikum ist es generell von besonderer Bedeutung, jeweils den kompletten fertigungstechnischen Vorgang zu erfassen. Es empfiehlt sich deshalb, vor dem Praktikum Gliederungsblätter vorzubereiten. In diese Blätter können dann die einzelnen Arbeitsgänge, Werkzeuge und zu beachtenden Besonderheiten eingetragen werden. Das prinzipielle Aussehen des Gliederungsblattes zeigt Bild 12.

**Tabelle 5.** Quellen zur Information über die Themengebiete des Praktikums vor Beginn der Ausbildung. Die Vorbereitung erhöht die Effizienz der Ausbildung

| Ausbildungs-abschnitt | Vorbereitung | Informationsquelle | Art der Information |
|---|---|---|---|
| **Grundlegende Arbeiten** | × | Fachliteratur (Tabellenwerke) | Arbeitsregeln Spannmittel |
| Thermische Fügeverfahren | × | | Werkzeuge Meßmittel |
| Warmbehandlung | × | | Härteverfahren Sicherheitsvork. |
| Arbeiten an Werkzeugmaschinen (spanend, spanlos) | × | Fachliteratur (Tabellenwerke) u. U. Vorlesungen an der Hochschule | Arbeitsregeln Sicherheitsvorkehr. Spannmittel Werkzeuge Einsatzgebiete der Fertigungsverf. Schnittdaten |
| Gießerei und Modellbau | × | Fachliteratur | Arbeitsregeln beim Erstellen verlorener Formen (z. B. Sandform) Kernherstellung Erschmelzung Modellherstellung |
| Montage | kaum Vorbereitung möglich | einschlägige Vorlesungen (Maschinenelemente) während des Praktikums Montageanleitungen und -handbücher | Bauteile Montagefolgen Funktionsweise der fertig mont. Einheit |
| Messen und Prüfen | × (je nach Praktikumsart) | Fachliteratur | Werkstoffprüfung (zerstörend, zerstörungsfrei) Meßmittel Kontrollverfahren, z. B. stat. Kontrolle |
| | | bei Praktika, wie Verfahrenskontrolle, Flugversuch, Vorkenntn. aus einschläg. Vorlesung | |
| Ingenieurnahe Tätigkeiten | | Vorkenntnisse aus Vorlesungen u. Übungen in Maschinenelemente, Konstruktionswesen | Grundkonzepte methodisches Konstruieren Berechnungen (z. B. Festigkeit) |
| Konstruktion | × | | |
| Arbeits-vorbereitungen | × | einschlägige Literatur und | Ablauf in der Fertigungsplanung |
| Versuchswesen | × | wie Messen u. Prüfen | Grundlagen der Kostenrechnung |

Gliederungsblatt A: Grundlegende Arbeiten

Vorbereitung (Arbeitsregeln, Werkzeugkunde, Sicherheitsbestimmungen usw.)

Skizze des Werkstücks

Gliederungsblatt A: Grundlegende Arbeiten

Werkstoff des Werkstücks

Spannmittel

Arbeitsplan

| Nr. | Arbeitsgang | Werkzeug | Bemerkung |
|---|---|---|---|
| 1 | | | |
| 2 | | | |
| 3 | | | |
| 4 | | | |
| 5 | | | |
| 6 | | | |
| 7 | | | |
| 8 | | | |
| 9 | | | |
| 10 | | | |
| 11 | | | |
| 12 | | | |
| 13 | | | |
| 14 | | | |
| 15 | | | |

Praktikumsdaten (Wochen-Nr., Zeitraum)

Firma, Abteilung, Betreuer

**Bild 12.** Gliederungsblatt in schematischer Darstellung. Das Gliederungsblatt dient zur zielgerichteten Erfassung des Ausbildungsinhaltes vor und während des Praktikums. Im Formularanhang ist eine ausreichende Zahl von Gliederungsblättern, nach Ausbildungsabschnitten geordnet, vorzufinden. Hier kann der Praktikant seine Notizen zum Stoff und zur durchgeführten Tätigkeit eintragen

Die Anwendung des beschriebenen Gliederungsblatts zeigt das nachfolgende Beispiel. Als Ausbildungsthema wurde dabei das Bohren, Reiben und Gewindeschneiden von Hand gewählt. Analog dazu lassen sich für die anderen Fertigungstechniken weitere Gliederungen anlegen.

Aus dem ausgefüllten Gliederungsblatt erkennt man, daß die erforderlichen Inhalte für einen Arbeitsbericht hier bereits vollständig vorhanden sind. Mit Hilfe des Gliederungsblattes fällt es also leicht den Bericht auszuarbeiten. Die Erfahrung zeigt jedoch, daß es oft schwerfällt das Wesentliche vom Unwesentlichen zu trennen oder die richtige Form der Berichterstattung zu finden.

Grundsätzlich soll der Arbeitsbericht nur die Arbeitsschritte und die verwendeten Werkzeuge beschreiben. Theoretische Überlegungen können dabei als Begründungen in den Bericht eingeführt werden. Bezüglich der Form der Berichterstattung besteht die Möglichkeit einer tabellarischen Gliederung des Arbeitsablaufes gemäß Gliederungsblatt. Somit stellt ein vollständig ausgefülltes Gliederungsblatt eigentlich bereits den Bericht dar. Allerdings empfiehlt es sich m. E., den Bericht als zusammenhängenden Text zu verfassen, denn mit der Berichterstattung soll schließlich auch die Darstellung technischer Sachverhalte in Wort und Bild geübt werden. Dabei darf aber der Bericht nicht zum Erlebnisbericht entarten. Deshalb ist gerade die Ich-Form der Berichterstattung mit technischer Nüchternheit meist nicht vereinbar.

Nach den Angaben der Tabelle soll deshalb hier beispielhaft ein Bericht ausgeführt werden. Für die übrigen Themengebiete ergeben sich analoge Merkmale der Berichterstattung. Die Berichtsinhalte mit Beispielen befinden sich in Abschnitt 5.4.

*Berichtsbeispiel:* Zeichnung (!) mit Spannmittelangabe. Gegeben ist ein Rohwerkstück mit den Maßen $61 \times 31 \times 15$ (Werkstoff: St 37). Dieses Werkstück ist auf die Maße $60 \times 30 \times 15$ zu bearbeiten und nach Zeichnung mit einer Gewindebohrung M 10 und einer Paßbohrung $10^{H7}$ zu versehen.

Zunächst werden die in der Zeichnung mit „a" und „b" bezeichneten Flächen mit einer Flachstumpffeile B $300 \times 1$ eben und winklig zueinander gefeilt. Zur Kontrolle der Ebenheit der Flächen dient ein Haarlineal (Lichtspaltprüfung). Die Messung der Rechtwinkligkeit beider Bezugsflächen zueinander geschieht mit dem 90°-Winkel.

Ausgehend von den Bezugsflächen erfolgt das Anreißen der Maße 60 und 30 mit dem Höhenreißer sowie das Anreißen der Bohrungsmittelpunkte. Die gegenüber von „a" und „b" befindlichen Seiten werden dann auf Anriß eben und winklig zueinander gefeilt (Werkzeug und Kontrollmaßnahmen wie oben).

Um eine bessere Führung des Bohrers beim Abschnitt zu erhalten, körnt man beide Bohrungsmittelpunkte mit einem Bohrungskörner und Schlosserhammer an. Beide Bohrungen werden dann bei einer Schnittgeschwindigkeit von 25 m/min mit einem HSS-Wendelbohrer von 4 mm $\varnothing$ vorgebohrt. Das Aufbohren auf den Gewindekerndurchmesser und auf Reibzugabe erfolgt dann mit HSS-Wendelbohrern von 8,5 bzw. 9,8 mm $\varnothing$ ebenfalls bei einer Schnittgeschwindigkeit von 25 m/min.

**Tabelle 6.** Beispiel für ein ausgearbeitetes Gliederungsblatt. Gliederungsblätter zu allen Themengebieten befinden sich im Formularanhang

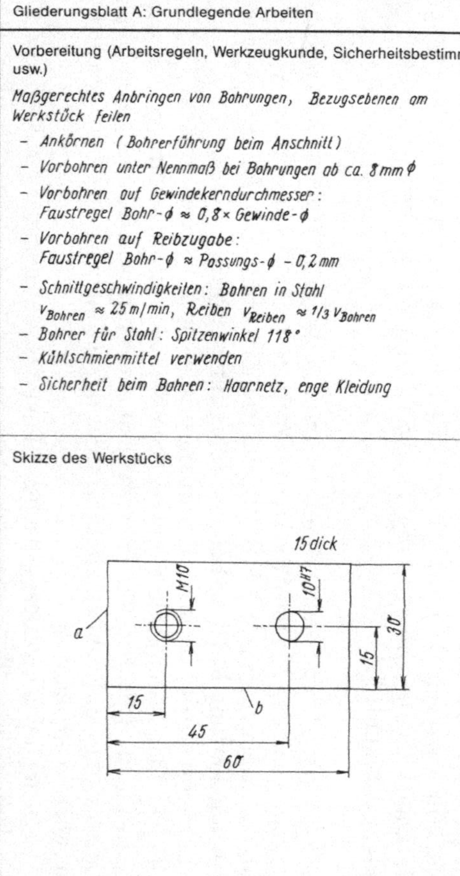

Gliederungsblatt A: Grundlegende Arbeiten

Vorbereitung (Arbeitsregeln, Werkzeugkunde, Sicherheitsbestimmungen usw.)

Maßgerechtes Anbringen von Bohrungen, Bezugsebenen am Werkstück feilen

- Ankörnen ( Bohrerführung beim Anschnitt )
- Vorbohren unter Nennmaß bei Bohrungen ab ca. 8 mm $\phi$
- Vorbohren auf Gewindekerndurchmesser: Faustregel Bohr-$\phi \approx 0,8 \times$ Gewinde-$\phi$
- Vorbohren auf Reibzugabe: Faustregel Bohr-$\phi \approx$ Passungs-$\phi$ – 0,2 mm
- Schnittgeschwindigkeiten: Bohren in Stahl $v_{Bohren} \approx 25\, m/min$, Reiben $v_{Reiben} \approx 1/3\, v_{Bohren}$
- Bohrer für Stahl: Spitzenwinkel 118°
- Kühlschmiermittel verwenden
- Sicherheit beim Bohren: Haarnetz, enge Kleidung

Skizze des Werkstücks

Gliederungsblatt A: Grundlegende Arbeiten

Werkstoff des Werkstücks  St-37

Spannmittel   Feilen: Parallelschraubstock
Bohren, Reiben: Maschinenschraubstock (gesichert!)

Arbeitsplan

| Nr. | Arbeitsgang | Werkzeug | Bemerkung |
|---|---|---|---|
| 1 | Eben und winklig feilen auf 30×60 | Flachstumpffeile B 300×1 | |
| 2 | Kontrolle | Haarlineal Winkel | |
| 3 | Anreißen der Bohrungsmittelpunkte | Höhenreißer | |
| 4 | Körnen der Mittelpunkte | Bohrungskörner Hammer | Körnung = Führung beim Anschnitt |
| 5 | Vorbohren beider Bohrungen | HSS-Wendelbohrer $\phi$ 3 mm | Schnittgeschwindigkeit: v = 25 m/min |
| 6 | Aufbohren für M 10 | HSS-Wendelbohrer $\phi$ 8,5 mm | v = 25 m/min |
| 7 | Aufbohren für Passung 10H7 | HSS-Wendelbohrer $\phi$ 9,8 mm | v = 25 m/min |
| 8 | beide Bohrungen ansenken | 90°-Kegelsenker | Führung für Gewindebohrer und Reibahle |
| 9 | Gewindeschneiden M 10 | 3-tlg. Satz | |
| 10 | Reiben | HSS-Maschinenreibahle 10H7 | v = 8 m/min |
| 11 | Kontrolle | M 10: Gewinde-lehrdorn | |
| 12 | Kontrolle | 10H7: Grenz-lehrdorn | |
| 13 | | | |
| 14 | | | |
| 15 | | | |

Praktikumsdaten (Wochen-Nr., Zeitraum)   Woche 1,  3.3. – 7.3.1986

Firma, Abteilung, Betreuer  Fa. XXX, Lehrwerkstatt, Meister Müller

Mit einem 90°-Kegelsenker werden die Bohrungen nun beidseitig 1 mm tief angesenkt. Dies verbessert das Ansetzen der Gewindebohrer bzw. der Reibahle und verhindert, daß der beim Gewindeschneiden entstehende Grat über die Werkstückoberfläche gedrückt wird. Anschließend erfolgt das Schneiden des Gewindes M 10 von Hand mit einem dreiteiligen Gewindeschneidersatz. Die zweite Bohrung wird mit einer HSS-Maschinenreibahle $10^{H7}$ bei einer Schnittgeschwindigkeit von 8 m/min ausgerieben. An diese beiden Arbeitsgänge schließt sich die Prüfung des Gewindes und der Paßbohrung durch Gewinde- bzw. Grenzlehrdorn an. Hinweis: Bei den Operationen Bohren, Gewindeschneiden und Reiben ist jeweils Emulsion bzw. Schneidöl zur Schmierung sowie zur Kühlung zuzusetzen.

Das vorangehende Beispiel zeigt, wie sich der Bericht aus Informationen, die vor und während des Praktikums gesammelt wurden, zusammensetzt. Bisher wurde aber noch nicht davon gesprochen, wie Informationen während des Praktikums zu erfassen sind und welche Informationsquellen hier bestehen.

Grundsätzlich erleichtert die Vorbereitung auf ein bestimmtes Themengebiet das Erfassen von Information während des Praktikums. Findet die Ausbildung des Praktikanten in Angliederung an die Lehrlingsausbildung statt, so ist immer ein gewisses Maß an Betreuung durch den Ausbildungsmeister gewährleistet. An ihn können Fragen, die sich auf die Einhaltung bestimmter Arbeitsregeln usw. beziehen, gerichtet werden.

Läuft das Praktikum in der Produktion ab, kann der Praktikant nicht immer mit einem ebenso hohen Betreuungsaufwand wie in Lehrwerkstätten rechnen, denn der Meister, dem er in der Regel zugeteilt wird, hat meist vorrangig auf einen reibungslosen Produktionsablauf zu achten. Arbeiter an einzelnen Maschinen wissen genau, was sie zu tun haben, aber Fragen der Spanbildung beispielsweise beim Drehen sind für sie solange uninteressant, wie der Produktionsprozeß fehlerfrei abläuft. Auch sind ihnen Normbezeichnungen für Werkzeuge häufig unbekannt.

Neben der Vorbereitung auf die einzelnen Themengebiete tritt im Rahmen der Produktion besonders die Information durch Arbeitspläne. Im Arbeitsplan sind alle Bearbeitungsschritte und zugehörigen Werkzeuge aufgeführt. Anhand dieser Pläne lassen sich auch komplizierte Fertigungsvorgänge in Transferstraßen (Fertigungseinheiten mit mehreren hintereinandergeschalteten Einzelbearbeitungen) verfolgen.

Bei Einzelstücken kann die sogenannte Fertigungsbegleitkarte wertvolle Hinweise liefern. Bei NC-Fertigung ist der Programmausdruck die Basis für die Arbeitsabfolge. Hier sind dann lediglich noch die einzelnen vom Programm aufgerufenen Werkzeuge zu identifizieren.

Im Bereich der Montage können Montagehandbücher und Montageanleitungen gleichermaßen als Vorbereitung und zum Sammeln von Informationen während des Praktikums dienen. Auch Prospekte mit ausführlichen Schnitt- und Detailzeichnungen erfüllen diesen Zweck. Sie informieren über Einzelteile und ggfs. über benötigte Werkzeuge.

Das Messen und Prüfen zeigt besonders, wie hoch die Erfassung von Informationen während des Praktikums anzusehen ist. Beispielsweise bei der Qualitätskontrolle werden Teile auf Maßhaltigkeit geprüft. Das festgehaltene Ergebnis gelangt jedoch oft nicht sofort zur Auswertung, da diese nicht im Rahmen der Qualitätskontrolle, sondern von anderer Seite vorzunehmen ist. Grundsätzlich hat sich deshalb der Praktikant nicht nur um die Meß- und Prüfvorgänge, sondern auch über das Umfeld der Prüftätigkeit zu kümmern.

Die grundlegenden Fragen heißen hier:

- Warum wird ein Teil auf die bestimmte Art geprüft;
- welche Anforderungen sind an dieses Teil zu stellen;
- wie wird die Prüfung durchgeführt;
- was ergibt die Auswertung?

Selbstverständlich kann sich die Prüfung auch auf bereits fertiggestellte oder teilweise fertige Produkte beziehen. Die Fragestellung zum Themenkomplex „Messen und Prüfen" bleibt davon jedoch unberührt. Ebenso verhält es sich bei der Kontrolle von Verfahren.

Die Aufgabenbereiche im Rahmen der sogenannten „ingenieurnahen Tätigkeiten" wie Konstruktion, Arbeitsvorbereitung usw. sind so vielschichtig, daß zwar Möglichkeiten der Vorbereitung (s. Tabelle 5) bestehen, aber konkrete Hinweise zur Informationssammlung während des Praktikums kaum zu geben sind. Hier sei auf die in Abschnitt 5.4 aufgeführten Berichtsinhalte hingewiesen. Sie geben Anhaltspunkte für die Strukturierung und den Inhalt des Praktikums.

## 5.3 Der Praktikumsnachweis

Das Praktikum wird gegenüber der Hochschule durch das Praktikantenzeugnis und die Berichte (Praktikantenbuch) nachgewiesen. Beide Teilnachweise müssen dabei selbstverständlich von der Zeit her und sachlich übereinstimmen.

Das Praktikumszeugnis ist dann als vollständig anzusehen, wenn es folgende Punkte enthält:

- persönliche Daten des Praktikanten;
- Daten des Praktikumbeginns und -endes;
- spezifizierte (nach Ausbildungsplan aufgegliederte) Tätigkeitsbeschreibungen und Angabe der Zeiten, die für einzelne Tätigkeitsbereiche aufgewendet wurden;
- Angabe der Fehlzeiten;
- Besonderheiten, z.B. Teilnahme am Werkunterricht.

Das Zeugnis bekommt dadurch die in Bild 13 dargestellte Form.

Im Zeugnis müssen alle Tätigkeiten aufgeführt sein. Häufig ist zu beobachten, daß nämlich anstatt der Tätigkeiten eine Auflistung der Betriebsabteilungen den Kernpunkt des Zeugnisses bildet. Da das Zeugnis nach Beendigung der

# PRAKTIKANTENZEUGNIS

Herr/Frau *Erwin Grüneis*

geboren am *12. 10. 1963* in *Aheim*

ist vom *3. März 1986* bis *28. März 1986*

zur praktischen Ausbildung folgendermaßen beschäftigt gewesen:

| Art der Tätigkeiten nach Ausbildungsplan | Wochen |
|---|---|
| *Schraubstockarbeiten: Anreißen, Feilen, Meißeln Sägen, Bohren, Reiben, Senken, Gewindeschneiden* | *1* |
| *Drehen* | *1* |
| *Montage* | *1* |
| *Messen und Prüfen* | *1* |
| | |
| **Wochen gesamt** | *4* |

Führung *gut*     Leistung *gut*

Besondere Bemerkungen ___________________

Er/Sie hat am Werkunterricht *2* Stunden/Woche teilgenommen.
Fehltage während der Beschäftigungsdauer (gesamt) *1* Tage;
davon *—* Tage Urlaub, *1* Tage Krankheit, *—* Tage sonstige Abwesenheit.
Der Praktikant hatte in der Arbeitsordnung keine Ausnahmestellung.
Es sind ihm ausgehändigt worden: das von ihm geführte Praktikantenbuch, ferner *Praktikantenzeugnis*

Ort *Beheim*, den *28. 3. 1986*     *X X X*

Firmenstempel/Unterschrift

**Bild 13.** Vollständig ausgefülltes Praktikantenzeugnis mit beispielhafter Angabe von Praktikumstätigkeiten und Zeitaufteilung

Praktikantentätigkeit ausgefertigt wird und dem Praktikanten oftmals erst einige Wochen nach Abschluß seiner Ausbildung zugeht, lassen sich Korrekturen am Zeugnis nur schwer ausführen. Sie bedeuten auch immer einen vermehrten Verwaltungsaufwand von seiten des Betriebs. Es ist daher von Vorteil, wenn der Praktikant die geforderte detaillierte Aufstellung seines Praktikums in die Berichterstattung integriert.

| Betrieblicher Ausbildungsgang | | |
|---|---|---|
| Art der Tätigkeit | Wochen von ... bis | Summe |
| *1. Grundlegende Arbeiten* | 3.3.- 28.3.86 | |
| – Anreißen, Feilen, Meißeln, Sägen | (3.3.- 7.3.) | |
| – Bohren, Reiben, Senken, Gewindeschneiden | (10.3.- 14.3.) | |
| Nieten, Biegen | (17.3.- 21.3.) | |
| – A- und E-Schweißen | (24.3.- 28.3.) | 4 Wochen |
| *2. Arbeiten an Werkzeugmaschinen* Drehen | 7.4.- 11.4.86 | 1 Woche |
| | Firma XXX Firmenstempel und Unterschrift | |
| *3. Grundlegende Arbeiten* | 14.4.- 25.4.86 | |
| – Härten und Anlassen | (14.4. - 18.4.) | |
| – Werkzeugschärfen | (21.4.- 25.4.) | 2 Wochen |
| | Firma YYY Firmenstempel und Unterschrift | |
| | | |

**Bild 14.** Nach Tätigkeiten und Zeiten aufgegliederter Ausbildungsplan. Diese Gliederung bildet den ersten Teil der Berichterstattung (gekürzte Darstellung). Alle Berichtseinträge können handschriftlich oder in Maschinenschrift erfolgen

Die Berichterstattung soll grundsätzlich aus drei Teilen bestehen, wobei dieser ein Abschnitt vorangestellt werden kann, der die Eindrücke des Praktikanten im Betrieb unter Aspekten wie z.B. der Arbeitsplatzgestaltung, der Koordination von Arbeiten oder der sozialen Strukturierung des Betriebs zusammenfaßt. Dieser Abschnitt sollte pro Betrieb zumindestens zwei Seiten DIN A4 einnehmen. Den ersten Teil bildet die Darstellung des Ausbildungsganges. Wird ein Formvordruck für das Praktikantenheft verwendet, so ist die Einteilung vorgegeben. Als Beispiel für die Aufstellung des Ausbildungsganges dient Bild 14.

Von besonderer Bedeutung bei der genannten Auflistung ist die Zusammenfassung von Tätigkeiten, die nach Ausbildungsplan zu einer Themengruppe gehören. Da in der Regel im Ausbildungsplan für bestimmte Themengruppen Zeitvorgaben bestehen, ist somit dem Praktikanten die Möglichkeit der Kontrolle über die abgeleistete Zeit und die noch abzuleistenden Zeitabschnitte sowie Tätigkeiten gegeben. Mit einem Sichtvermerk (Stempel und Unterschrift) versehen dient die Darstellung des Ausbildungsvorganges als Ergänzung zum Praktikantenzeugnis.

Der zweite Teil des Berichtsheftes ist in den sogenannten Tageseintragungen zu sehen. Diese stellen eine Kurzfassung des Praktikumsablaufes mit Angabe der durchgeführten Tätigkeiten, der bearbeiteten Werkstücke und der Zeiteinteilung dar. Dieser Teil der Berichterstattung ist deshalb von besonderer Bedeutung, weil er Auskunft über den gesamten Inhalt des Praktikums gibt. In den Wochenberichten können dagegen nur ausgewählte Beispiele behandelt werden. Außerdem sind aus den Tageseintragungen Fehlzeiten und Feiertage leicht zu erkennen, so daß diese Aufstellung auch bei der Anrechnung des Praktikums durch das Praktikantenamt als wertvolle Hilfe anzusehen ist. Der Praktikant sollte deshalb auf eine genaue Ausfertigung der Tageseintragungen mindestens ebensoviel Wert legen wie auf die Ausarbeitung der Wochenberichte. Zur Verdeutlichung dieses Themenkomplexes mögen die in Bild 15 dargestellten Beispiele für Tageseintragungen dienen.

Den dritten und umfangreichsten Teil der Berichterstattung bilden die sogenannten Wochenberichte. Wie in Abschnitt 5.2 bereits beschrieben, sollen die Berichte keine Abschriften aus Fachbüchern darstellen. Berichte mit Überschriften „Das Drehen" oder „Das Messen mit der Koordinatenmeßmaschine" sind also zu vermeiden. Die Fachliteratur ist für die Vorbereitung auf bestimmte Praktikumsthemen und als begleitende Hilfe während des Praktikums gedacht. Für den Arbeitsbericht lassen sich gemäß Musterbericht in Abschnitt 5.2 Begründungen zu bestimmten Arbeitsschritten entnehmen.

Alle Praktikumsthemen im Rahmen dieses Buches mit Musterberichten zu belegen, führt sicher zu weit. Es sollen jedoch zu jedem Themengebiet hier die wichtigsten Berichtsinhalte angegeben und durch Beispiele erläutert werden. Die Zusammenfassung einzelner Themengebiete orientiert sich dabei am derzeit bestehenden Ausbildungsplan der TU München. Für andere Aufteilungen (Schweißen, Wärmebehandlung – oft separat genannt –) ist die nachfolgende Anleitung zur Berichtsabfassung aber dennoch brauchbar.

| WOCHENBERICHT Nr. _4_ vom _24. 3._ bis _28.3.86_ | | Abteilung *Lehrwerkstatt* | |
|---|---|---|---|
| **Tag** | Ausgeführte Arbeiten usw. | Einzelstunden | Gesamtstunden |
| **Mon** | *Theorie E-Schweißen* | *2 h* | *8 1/4* |
| | *Auftragsschweißen, X-Naht Schweißen (Nahtvorbereitung)* | *6 1/4 h* | |
| **Die** | *E-Schweißen, T-Stoß, Überlappnaht* | *3 h* | *8 1/4* |
| | *E-Schweißen, Rohr auf Platte mit Versteifungen* | *5 1/4 h* | |
| **Mi** | *wie Die, Rohr auf Platte (mit Nahtvorbereitung)* | *4 h* | *8 1/4* |
| | *Theorie A-Schweißen, Einführung MIG-Schweißen* | *4 1/4 h* | |
| **Don** | *A-Schweißen, Stumpfstoß* | *2 h* | *8 1/4* |
| | *Rohrschweißen (mit Nahtvorbereitung), MIG-Schweißen* | *6 1/4 h* | |
| **Fre** | *A-Schweißen, Wasserbehälter mit Dichtheitsprüfung* | *7 h* | *7* |
| | | *—* | |
| **Sam** | | | |

| | Wochenstunden *40* |
|---|---|

ARBEITSBERICHT

**Bild 15.** Beispiel für die Tageseintragungen mit Angabe der Tätigkeiten, Werkstücke und Zeiten. Obwohl die täglichen Eintragungen nicht an allen Universitäten zum Berichtsumfang gehören, ist es ratsam sie anzufertigen, denn sie ermöglichen durch ihren gegliederten Charakter eine schnelle Übersicht über den Praktikumsstoff. Das Bild entspricht der Gestalt der Vordrucke im Praktikantenbuch (Originalformat DIN A4)

## 5.4 Berichtsinhalte

Im folgenden Abschnitt sind die Berichtsinhalte nach Themengebieten aufgegliedert und der besseren Übersicht wegen tabellarisch aufgeführt.

### 5.4.1 Grundlegende Arbeiten mit Schweißen und Wärmebehandlung (Härten und Anlassen)

Berichte für Anreißen, Feilen, Meißeln, Sägen, Bohren, Reiben, Senken, Gewindeschneiden von Hand, Richten, Biegen, Werkzeugschärfen enthalten:
- Zeichnung des Werkstückes mit Bemaßung, Endform des Werkstückes;
- Angabe des Werkstück-Werkstoffes (z.B. St-37/2);
- Angabe der verwendeten Spannmittel, z.B.:
  - – Feilen: Parallelschraubstock,
  - – Bohren, Senken: Maschinenschraubstock der Bohrmaschine;
- Beschreibung der kompletten Bearbeitung des Werkstückes mit zugeordneten Werkzeugen und Begründungen für bestimmte Arbeitsweisen aus theoretischen Überlegungen (auch vorbereitende Maßnahmen, z.B. zum Nieten, aufführen).

Berichte zu den Schweißverfahren enthalten:
- Zeichnung des Schweißteils mit Angabe der Lage und Art der gezogenen Nähte und Bemaßung;
- Angabe des Werkstück-Werkstoffs;
- Angabe von Spannmitteln und Auflagen für die Schweißteile, z.B.:
  - – Schraubzwingen,
  - – Magnethalter,
  - – Prisma zum Rohrschweißen;
- Beschreibung von Nahtvorbereitung mit Werkzeugzuordnung und Arbeitsweise beim Nahtziehen mit Angabe von Brennertyp (A-Schweißen) und Zusatzwerkstoff oder Elektrodentyp (E-Schweißen) und Einstelldaten des Schweißtrafos sowie Begründungen resultierend aus der Theorie.

Der Härtereibericht enthält:
- Zeichnung des zu härtenden Teils mit Angabe von eventuell vorhandenen Härtezonen und Bemaßung (Grundabmessungen genügen oft);
- Angabe des zu härtenden Werkstoffs und der geforderten Härte;
- Auswahl des Härteverfahrens mit Begründung (z.B. Induktionshärten, da nur ein Lagersitz einer Welle zu härten ist);
- Beschreibung der Durchführung des Härtevorganges mit Angabe von Temperaturen und Zeiten, in denen bestimmte Temperaturen gehalten werden. Die Besonderheiten beachten (z.B. Abdecken gewisser Werkstückzonen beim Einsatzhärten).

### 5.4.2 Arbeiten an Werkzeugmaschinen

Berichte zu den Verfahren Drehen, Fräsen, Stoßen, Schleifen usw. sind im Grundsatz ähnlich wie die Berichte zu den „Grundlegenden Arbeiten" aufgebaut. Sie enthalten:

- Zeichnung des Werkstücks in seiner Endform mit Bemaßung;
- Angabe des Werkstück-Werkstoffs;
- Angabe der verwendeten Spannmittel, z. B.
  - – Plandrehen: Dreibackenfutter,
  - – Längsdrehen: zwischen Spitzen mit Dreherz;
- Beschreibung der kompletten Bearbeitung des Werkstücks mit zugeordneten Werkzeugen (DIN- oder ISO-Bezeichnungen verwenden) und aus der Theorie abgeleiteten Begründungen.

Besonders wichtig bei den Maschinenarbeiten ist auch die Angabe der eingestellten Schnittdaten (Schnittgeschwindigkeit, Vorschubgeschwindigkeit) und Zustellgrößen. Beim Schleifen sind die in der Zeichnung angegebenen Toleranzen zu beachten, so daß der Zusammenhang zwischen der Zahl der Schleifdurchgänge und der jeweils gewählten Zustellung sowie der Toleranzangabe hergestellt wird. Ähnliches gilt sinngemäß für das Drehen und Fräsen von Paßmaßen. Beispiel: Die letzte Messung mit der Mikrometerschraube hat ein Maß von 25,465 mm ergeben. Die geforderte Toleranz war 25,35 + 0,06 mm. Der gemessene Wert zeigt ein Übermaß von 0,055 mm an. Es sind demnach vier weitere Schleifdurchgänge mit einer Zustellung von 0,02 mm erforderlich (Endmaß 25,385 mm).

Im Bereich der Arbeiten an Werkzeugmaschinen finden auch die spanlosen Bearbeitungsverfahren ihren Platz. Bei der Beschreibung dieser Bearbeitungsverfahren und der stattfindenden Arbeitsschritte muß sich der Stil der Berichterstattung etwas wandeln. Hier enthalten die Berichte:

- Zeichnung des Werkstücks in der Endform mit Bemaßung und Angabe des Werkstoffs;
- Benennung des Ausgangsmaterials (z. B. Blechband, Schmiederohling ⌀ 300 m × 120 mm) und Angabe der Schmiedetemperatur beim Gesenkschmieden;

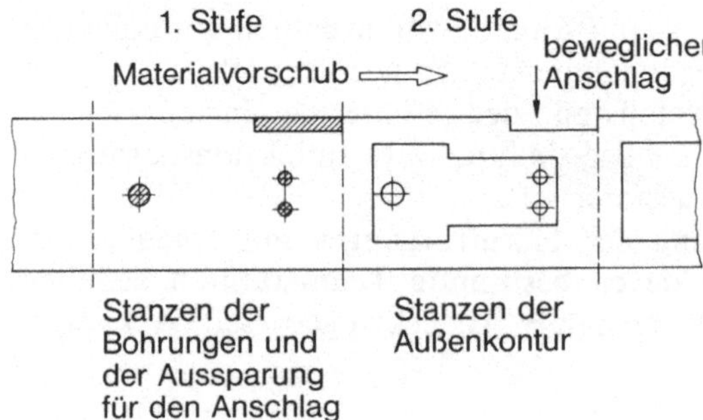


**Bild 16.** Beispiel für die Angabe von Stanzstufen in einem Folgeschnittwerkzeug. Zusätzlich zur Werkstückzeichnung am Beginn des Berichtes können Zeichnungen dieser Art in allen Themenbereichen des Praktikums die Aussagekraft der Berichterstattung erheblich verbessern

– Beim Stanzen, Ziehen, Tiefziehen, Biegen usw. ist die Zuführung des Materials (automatisch oder von Hand) aufzuführen. Daran schließt sich die Beschreibung der einzelnen Bearbeitungsstufen an, wobei darauf zu achten ist, daß sich die Bearbeitungsschritte in Großpreßwerken (z.B. Automobilindustrie) in verschiedenen Maschinen abspielen.

Zum Bericht gehört dann auch die Angabe über die Transportart der Werkstücke zwischen den einzelnen Pressen. In jedem Fall ist es bei der Beschreibung von spanlosen Bearbeitungsvorgängen sinnvoll, die einzelnen Stufen auch graphisch darzustellen.

*Beispiel:* Zu stanzen ist ein Teil eines Gerätechassis mit drei Bohrungen. Das Ausgangsmaterial ist ein Blechband mit 100 mm Breite und 1,5 mm Dicke. Die graphische Darstellung der Stanzstufen ergibt Bild 16.

Analog dazu lassen sich auch die Schmiedestufen beim Gesenkschmieden oder Ziehstufen beim Tiefziehen darstellen.

### 5.4.3 Gießerei und Modellbau

Im Rahmen der Berichterstattung über dieses Themengebiet kommt es auf die Darstellung der Produktion von Gußteilen mit verlorenen Formen (z.B. Sandform) und Dauerformen (z.B. Kokille) an. Weitere Berichtsthemen sind die Kernherstellung und der Modellbau.

Im Bereich der Erstellung von Sandformen besteht der Bericht aus folgenden Teilen:

– Zeichnung eines Schnittes durch die Form mit Bezeichnung von Einguß, Steiger, Kernen und Kernlagern; komplizierte Gußteile können beim Schnitt durch die Form schematisiert wiedergegeben werden,
– Beschreibung der einzelnen Arbeitsschritte beim Aufbau der Form mit Zuordnung der Werkzeuge zum jeweiligen Schritt und Angabe von aus der Theorie abgeleiteten Begründungen. Hauptpunkte für die Begründungen sind das Anschnitt- und Speisersystem sowie die Lage der Teilungsebene der Form.

Der Bericht zur Kernherstellung enthält:

– Skizze des Kerns mit Angabe von eventuell vorhandenen Versteifungen und der Sandart;
– Beschreibung der Herstellungsweise des Kerns.

Im Rahmen des Modellbaus sind folgende Punkte Berichtsinhalt:

– Zeichnung des Modellrisses (nicht des fertigen Gußstücks!) mit Angabe des Werkstoffs, der Formschrägen, der Bearbeitungszugaben, der Kernmarken und des Schwindmaßes. Die spätere Formteilungsebene soll ebenfalls aus der Zeichnung ersichtlich sein;

– Beschreibung der Herstellung des Modells in einzelnen Arbeitsschritten mit Zuordnung der Werkzeuge. Dazu gehört bei Holzmodellen auch die Lackierung nach DIN.

Analog ist der Bericht aufzubauen, wenn der Bau von Kernkästen beschrieben wird.

### 5.4.4 Montage

Für die Berichterstattung im Bereich „Montage" ist von entscheidender Bedeutung, um welche Art es sich handelt. Der Bericht für die Serienmontage wird gegenüber dem Bericht über eine Einzelstück- oder Reparaturmontage eine veränderte Gestalt besitzen.

Der Bericht für die Serienmontage kann aus der Zeichnung der fertig montierten Einheit mit Einzelteilbezeichnung (Nummern oder Teilbezeichnung in der Zeichnung) und ggfs. der Stückliste bestehen. Wird beispielsweise die Endmontage von Kraftfahrzeugen im Rahmen der Serienmontage beschrieben, so kann es sinnvoll sein, anstatt der Zeichnung der fertig montierten Einheit ein sogenanntes Flußdiagramm des Montageablaufs zu erstellen (Bild 17).

Ein sehr ausführliches Flußdiagramm mit Angabe aller Montageschritte mit zugeordneten Werkzeugen und Hilfsmitteln (z. B. Montagelehren) kann der endgültige Bericht sein. Anderenfalls, bei Vorlage einer Zeichnung der montierten Einheit, sind die einzelnen Montageschritte mit Werkzeugen im Text aufzuführen.

In diesem Zusammenhang sollen jedoch noch einige Worte zur allgemeinen Themenstellung im Bereich Montage gesagt werden.

Unter Montage wird vornehmlich die klassische Maschinenbaumontage verstanden, wobei der Ausbildungsgegenstand das Zusammenbauen oder

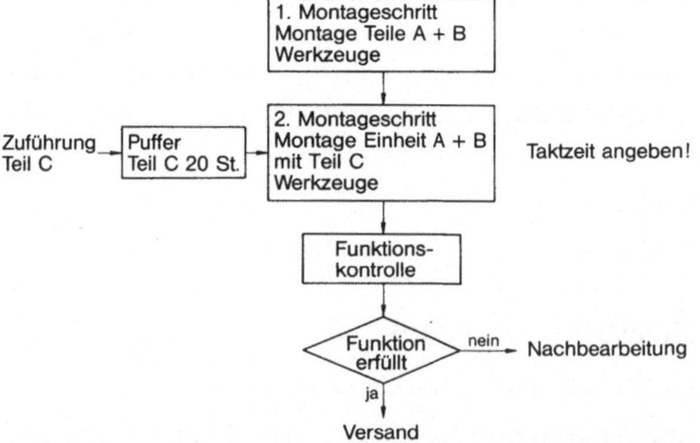


**Bild 17.** Flußdiagramm zum Ablauf einer Serienmontage. Auf diese Weise lassen sich auch komplexe Montagelinien in der Berichterstattung darstellen. Der Bericht über die Montage gewinnt so an Übersichtlichkeit

Demontieren von Maschinenelementen (Zahnrädern, Wellen, Lagern, Kupplungen, Ventilen usw.) und verschiedener Maschinenbaugruppen ist. Dabei erfolgt das Zusammenfügen in erster Linie über lösbare Verbindungen.

Im Flugzeugbau und insbesondere im verfahrenstechnischen Anlagenbau gelten dagegen häufig auch das Nieten (Aufbau der Flugzeugzelle usw.) oder das Schweißen und Verlegen von Rohrleitungen sowie der Behälterbau als Montage. Einem Studenten, der eine entsprechende Studienrichtung gewählt hat und sich über die Montage in den genannten Bereichen informieren will, ist anzuraten, nur einen Teil der Zeit (maximal 50%) auf die oben angeführten Tätigkeiten zu verwenden und den verbleibenden Teil der Zeit nach Möglichkeit mit maschinenbauorientierter Serienmontage (z.B. Pkw-Montage) zu belegen.

### 5.4.5 Messen und Prüfen

Wie die Montage ist das Messen und Prüfen ein sehr großes Gebiet. Entsprechend vielgestaltig ist die Stellung der Einzelthemen. Eine Auswahl dieser Themen ist:

- Werkstoffprüfung (Härtegrad, Zugfestigkeit, Gefüge usw.);
- Fertigungskontrolle (Maßhaltigkeit von Teilen, Qualität der Oberflächen usw.);
- Wareneingangskontrolle (Zulieferteile auf bestimmte Kriterien, wie Maßhaltigkeit, Härte, Oberflächenqualität usw. prüfen);
- Prüfstände (Motorenprüfstand, Belastungsprüfstände für Bauteile usw.);
- Verfahrenskontrolle (z.B. Überwachung von Kraftwerksprozessen);
- Flugerprobung/Bodenerprobung (z.B. Propellerschubmessungen, Datenüberwachung während des Fluges).

Die hier ausgewählte Palette zeigt, daß im Rahmen des Messens und Prüfens durchaus auch Praktikumstätigkeiten durchführbar sind, die von Studenten gewisse Spezialkenntnisse erfordern, während andere Themenkreise einen eher allgemeinen Charakter besitzen. Bei Spezialthemen ist auch damit zu rechnen, daß nicht jeder Bewerber, auch wenn er die entsprechende Fachrichtung gewählt hat, einen Praktikantenplatz erhält.

In jedem Fall setzt sich aber die Berichterstattung unabhängig vom Thema aus folgenden Teilen zusammen:

- Skizze des zu messenden Werkstücks oder des Versuchsaufbaus (Blockschaltbild). Bei komplizierten Teilen sollten für die Beschreibung funktionsbeeinflussende Maße ausgewählt werden. Teile, die auf Härte, Rundlauf, Oberflächenqualität usw. zu prüfen sind, müssen in der Skizze mit der Angabe der Meßorte versehen sein;
- Beschreibung der Durchführung der Messung oder des Versuchs, Ablauf der Messung oder des Versuchs mit Angabe der eingesetzten Meßmittel oder Geräte (keine Funktionsbeschreibung von Meßgeräten nach Art des Handbuchs!);

– Protokollierung der Meß- bzw. Versuchsdaten (Beispiel: Bild 18);
– Interpretation des Meß- oder Versuchsergebnisses. Die Interpretation für obiges Beispiel wird durch ein Diagramm erleichtert, in dem die Meßwerte über der Stückzahl aufgetragen sind (Bild 19).

40% der geprüften Teile liegen im gezeigten Beispiel außerhalb der Toleranz. Die Charge wird daher nicht abgenommen. Eine Nacharbeit kommt wegen des relativ niedrigen Preises des Teils nicht in Frage.

Da die Werkstücke auf einem Drehautomaten hergestellt werden, liegt der Schluß nahe, daß die Vergrößerung des Durchmessers auf zunehmenden Werkzeugverschleiß zurückzuführen ist.

*Hinweis:* Besonders wichtig ist die Angabe der Sollwerte für Messung und Versuch. Nur dann kann ein Vergleich zwischen der Forderung an ein Bauteil oder eine Maschine und den tatsächlichen Eigenschaften (durch Messung ermittelt) gezogen werden.

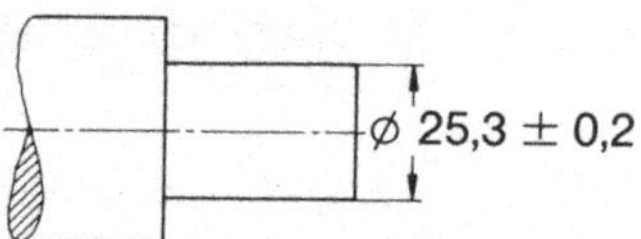


| Soll-Wert | Wst.-Nr. | 1 | 2 | 3 | 4 | 5 | 6 | 7 | 8 | 9 | 10 |
|---|---|---|---|---|---|---|---|---|---|---|---|
| 25,3 ± 0,2 | Maß | 25,1 | 25,3 | 25,7 | 25,8 | 25,2 | 25,6 | 25,3 | 25,4 | 25,5 | 25,6 |

**Bild 18.** Stichprobenartige Messung an Werkstücken einer Charge mit Wertetabelle. Für das Beispiel ist das Überprüfen von nur einem Maß ausgewählt worden. Die Wertetabelle stellt sich also für kompliziertere Teile umfangreicher dar

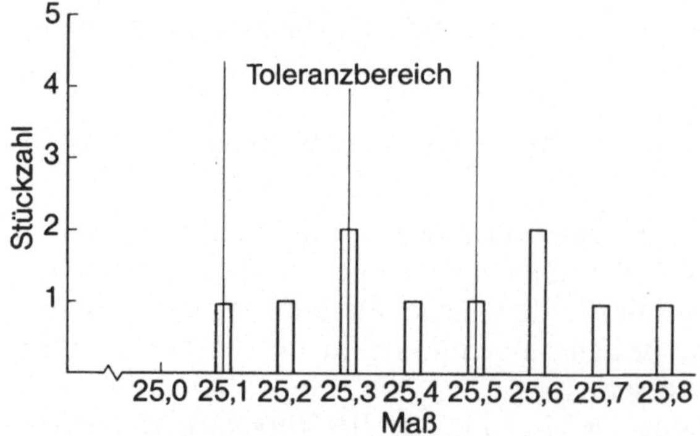


**Bild 19.** Interpretationsdiagramm zu Bild 18. Hier wurde bewußt eine fehlerhafte Produktion (große Abweichung von der Toleranz) beschrieben, um auf die Notwendigkeit der Interpretation für die Fertigungstechnik hinzuweisen

### 5.4.6 Konstruktion und Entwicklung

Grundsätzlich darf der Bereich „Konstruktion und Entwicklung" im Rahmen des Industriepraktikums nicht mit dem Technischen Zeichnen gleichgesetzt werden. Vielmehr steht hier die Einführung in die Planung und Auslegung von Maschinenteilen im Vordergrund. Auch das Erstellen von Rechnerprogrammen kann in diesem Zusammenhang nicht als Entwicklungstätigkeit gesehen werden.

Mit Sicherheit ist das genannte Gebiet so vielseitig, daß es unmöglich ist, Patentrezepte für die Berichterstattung anzugeben. Deshalb soll hier für das Gebiet der Konstruktion und der Entwicklung ein Beispiel für Berichtsinhalte aufgeführt werden.

Der Bericht zur Konstruktion enthält:

- Aufgabenstellung mit der Angabe, ob es sich um eine Neu- oder Umkonstruktion handelt, Darstellung des Zwecks der Konstruktion (z. B. Teilvielfalt reduzieren);
- Beschreibung der Randbedingungen, beispielsweise Anschlußmaße, bereits vorhandene Einrichtungen an einer Maschine (z. B. Hydraulik), Kosten usw.;
- Diskussion der Lösungsermittlung, Antwort auf die Frage: Warum und auf welchem Weg kommt man zur endgültigen Lösung? Wie sieht diese Lösung aus?
- Auslegungsberechnung von Bauteilen der Konstruktion (wird nicht in allen Fällen im Rahmen des Praktikums durchgeführt).

### 5.4.7 Fertigungsplanung und Fertigungssteuerung

Im Bereich der Fertigungsplanung und Fertigungssteuerung ergibt sich ebenfalls ein weites Spektrum von Praktikantentätigkeiten. Um den Umfang zu zeigen, seien hier die einzelnen Themengebiete aufgeführt:

- Fertigungsplanung:
  - – Umwandlung der Kundenaufträge in Betriebsaufträge,
  - – Ablaufplanung mit Durchlaufzeitbestimmung sowie Lager-, Transport- und Terminplanung (dazu gehört auch der Maschinenbelegungsplan);
- Fertigungssteuerung:
  - – Materialdisposition,
  - – Arbeitsverteilung,
  - – Lenkung der Produktion,
  - – Kontrolle des Arbeitsfortschritts.

Wegen der Kürze der zur Verfügung stehenden Praktikumszeit wird es kaum möglich sein, einen Praktikanten alle oben aufgeführten Schritte der Fertigungsplanung und Fertigungssteuerung kennenlernen zu lassen. In der Regel ist nur die Beschäftigung mit einem Teilgebiet gegeben. Als Beispiel für die Berichterstattungsgliederung wird die Kapazitätsplanung gewählt. Der Bericht beschreibt dann folgende Punkte:

- Aufgabenstellung (hier: Ermittlung der Über- bzw. Unterdeckung von Betriebsmitteln nach Vorgabe bestimmter Randbedingungen);
- Als Randbedingungen treten auf:
  - – Erzeugerstruktur (zu fertigende Teile),
  - – Fertigungsprogramm (Stück/Periode),
  - – Bearbeitungszeit,
  - – Aufgliederung der Betriebsmittelzeit,
  - – Rüstzeit,
  - – verplanbare Belegungszeit,
  - – Angabe der zur Verfügung stehenden Maschinen und Anlagen;
- Durchführung der Planung mit Angabe der Ergebnisse, wobei auch Schlüsse aus den Ergebnissen, wie die Abstimmung zwischen Bedarf und Bestand gezogen werden können.

### 5.4.8 Versuchswesen

Das Themengebiet „Versuchswesen" weist deutliche Parallelen zum Bereich „Messen und Prüfen" auf. Daraus ergibt sich auch die im Ausbildungsplan der TU München vorgesehene Regelung der Kombination von Aufbaupraktikum mit dem Thema „Versuchswesen" und dem Bereich „Messen und Prüfen". Insgesamt läßt sich hier ein Block von sieben Wochen schaffen. Dadurch ist gewährleistet, daß sich der Praktikant auch an einer länger dauernden Versuchsreihe beteiligen kann. Die Berichterstattung orientiert sich dabei an den Ausführungen zum Bereich „Messen und Prüfen".

Wichtig ist es, im Rahmen des Versuchswesens keine einzelnen Themengebiete zu behandeln (z. B. 1 Woche Zugversuch, 1 Woche Härteprüfung usw.), sondern ein zusammenhängendes Gebiet als Aufgabenstellung anzusehen. Um hier einige Beispiele zu geben, sei folgende, sicher nicht vollständige Liste angeführt:

- Versuche zur statischen und dynamischen Belastbarkeit von Maschinenteilen,
- Schmierstoffuntersuchungen,
- Verschleißuntersuchungen an Werkzeugen,
- regelungstechnische Aufgaben
  (Überwachung und Analyse von Prozessen, z. B. in Kraftwerken).

Zur Berichterstattung bei den drei letztgenannten Themengebieten ist zu bemerken, daß für den Praktikumsblock nach Möglichkeit ein zusammenhängender Bericht anzufertigen ist. Geht man von einer Leitlinie von mindestens zwei Seiten DIN A4 Text pro Woche (Zeichnungen extra) beim Umfang der Berichterstattung aus, so kann nämlich bereits die genaue Darstellung der Aufgabe den Raum eines einzelnen Wochenberichtes einnehmen.

# 6 Zusammenfassung

Das vorliegende Buch hat zum Ziel, den Studenten näher an die formalen Dinge des Praktikums und an den zu vermittelnden Stoff heranzuführen.

Dazu ist es notwendig, die jeweils geltenden Bestimmungen zu kennen. Der Praktikant muß sich also zunächst mit den Praktikantenrichtlinien der von ihm ausgewählten Hochschule vertraut machen. Erst wenn dies geschehen ist, kann er daran gehen, sein Studium mit dem zugehörigen Praktikum zu planen. Dabei ist jeweils von der individuellen Ausgangsposition des Studenten auszugehen, d.h. es muß ermittelt werden, welche Studiensituation vorliegt (z.B. Studienanfänger oder Student im 4. Semester). Somit können auch Studenten, die beispielsweise durch eine Stundung des Vorpraktikums in Zeitschwierigkeiten gekommen sind, eine Anleitung zur sinnvollen und planmäßigen Weiterführung ihres Studiums erwarten.

Der formale Dinge des Praktikums beschreibende Teil des Buches befaßt sich weiterhin ausführlich mit der zeitlichen und sachlichen Gliederung des Praktikums sowie mit Fragen der Betriebsauswahl für die Ausbildung und mit Besonderheiten, darunter dem Praktikum bei der Bundeswehr, bei Großforschungsinstituten und im Ausland.

Besonderes Augenmerk wird sowohl im theoretischen als auch im praktischen Teil des Buches auf die Ausbildungsnachweise gelegt. Dabei enthält der praktische Teil Anleitungen zu folgenden Punkten:

- Quellen zur Information über Studium und Praktikum;
- Bewerbung um eine Praktikantenstelle:
  - – Quellen für Firmenadressen,
  - – Vorgehensweise bei der Planung des Praktikums (zeitlich und sachlich),
  - – Betriebsauswahl,
  - – Anleitung zur endgültigen Bewerbung nach Festlegung der Rahmendaten;
- Vorbereitungsmöglichkeiten auf den Stoff des Praktikums mit Angabe der Quellen;
- Aufnahme des Stoffs zur Weiterbearbeitung im Rahmen der Berichterstattung;
- Berichterstattung für die einzelnen Themengebiete des Praktikums.

Der praktische Teil des Buchs enthält dabei sogenannte Gliederungsblätter. Sie sollten während des Praktikums vom Studenten bearbeitet werden. Der Praktikant hat somit die Möglichkeit unter Zuhilfenahme der Stichpunkte, die er bei der Vorbereitung in ein Gliederungsblatt eingetragen hat, den Arbeitsablauf bei der Bearbeitung eines Werkstückes zu gliedern. Dadurch ist die Basis für die spätere Berichterstattung gegeben, und das Buch erhält für das gesamte Industriepraktikum vor und während des Studiums einen begleitenden Charakter.

Zum Abschluß dieser Zusammenfassung sei noch ein Satz deutlich wiederholt: Bei eventuell auftretenden Unklarheiten bezüglich formaler und sachlicher Dinge hat die Rückfrage beim zuständigen Praktikantenamt noch nie geschadet!

# 7 Literatur


Wer baut Maschinen. Fachbezugsquellennachweis für Maschinen und Apparate, Armaturen, Präzisionswerkzeuge, Maschinenteile und Zubehör. Hrsg. Verband Deutscher Maschinenbau-Anstalten (VDMA). 48 Aufl. 1986. Hoppenstedt & u. Co. Verlag, Darmstadt (DM 25,–)

Greven, E.: Technologie. Lehr- und Arbeitsbuch für den Fachkundeunterricht in metallverarbeitenden Berufen. 1983, Fr. Vieweg & Sohn Verlag, Wiesbaden. ISBN 3-528-04188-9 (DM 32,–)

Altenidiker, F., u.a.: Fachkenntnisse Metall. Maschinentechnische Berufe. 11. Aufl. 1983, Verlag Handwerk und Technik, Hamburg. ISBN 3-582-03141-1 (DM 47,40)

Dax, W., u.a.: Tabellenbuch für Metalltechnik. 2. Aufl. 1984, Verlag Handwerk und Technik, Hamburg. ISBN 3-582-03291-4 (DM 24,40)

Fachkunde Metall. 47. Aufl. 1985, Europa-Lehrmittel, Wuppertal. ISBN 3-8085-1027-7 (DM 35,–)

Kestner, C.A., u.a.: Metallfachkunde, Bd. 1 Grundlagen. 1982, B.G. Teubner Verlag, Stuttgart. ISBN 3-519-06705-6 (DM 34,80)

Böttcher/Forberg: Technisches Zeichnen. 19. Aufl. 1982, B.G. Teubner Verlag, Stuttgart. ISBN 3-519-46700-3 (DM 23,80)

Brankamp, K.: Leitfaden zur Einführung in die Fertigungssteuerung. 1977, W. Girardet Verlag, Essen. ISBN 3-7736-0147-6 (DM 30,–)

Hubka, V.: Theorie des Konstruktionsprozesses. 1976, Springer-Verlag, Berlin. ISBN 3-540-07767-7 (DM 48,–)

Rieck/Rieck: Grundlagen der Werkstoffkunde und Werkstoffprüfung. 1985, Dr. M. Gehlen Verlag, Bad Homburg (DM 29,80)

Witte, H.: Werkzeugmaschinen. 4. Aufl. 1983, Vogel-Verlag, Würzburg, ISBN 3-8023-0037-8 (DM 33,–)

# 8 Anschriften der Praktikantenämter

(Änderungen vorbehalten)

Rheinisch-Westfälische Technische Hochschule Aachen
Praktikantenamt der Fakultät für Maschinenwesen
Professor Dr.-Ing. Dr.h.c. W. König
Eilfschornsteinstr. 18, 5100 Aachen
Tel.: 0241/805306

Technische Universität Berlin
Praktikantenamt für Maschinenwesen
Fachbereich 11 Konstruktion und Fertigung
Professor Dipl.-Ing. H. Steffen
Straße des 17. Juni 135, 1000 Berlin 12
Tel.: 030/3142608

Ruhr-Universität Bochum
Praktikantenamt für Maschinenbau
Professor Dr.-Ing. F. Jarchow
Lehrstuhl für Maschinenelemente und Getriebetechnik
Postfach 2148, 4630 Bochum-Querenburg
Tel.: 0234/7004061

Technische Universität Braunschweig
Praktikantenamt für Maschinenbau und Elektrotechnik
Professor Dr.-Ing. H.J. Matthies
Langer Kamp 19a, 3300 Braunschweig
Tel.: 0531/3912670

Technische Universität Clausthal
Praktikantenamt der Abteilung Maschinen- und Verfahrenstechnik
Professor Dr.-Ing. P. Dietz
Robert-Koch-Straße 32, 3392 Clausthal-Zellerfeld
Tel.: 05323/722270

Technische Hochschule Darmstadt
Praktikantenamt für Maschinenbau
Professor Dr.-Ing. D. Schmoeckel
Petersenstr. 30, 6100 Darmstadt
Tel.: 06151/163357

Universität Dortmund
Praktikantenamt für Maschinenbau
Professor Dr.-Ing. U. Schüler
Postfach 500500, 4600 Dortmund 50
Tel.: 0231/7552723 od. 2724

Technische Universität Hannover
Praktikantenamt der Fakultät für Maschinenwesen
Professor Dr.-Ing. H.-P. Wiendahl
Callinstr. 36, 3000 Hannover
Tel.: 0511/7623390/7622440

Universität Kaiserslautern
Praktikantenamt für Maschinenwesen
Fachbereich Maschinenwesen
Professor Dr.-Ing. G. Warnecke
Erwin-Schrödinger-Str., Postfach 3049
6750 Kaiserslautern
Tel.: 0631/2052617

Universität Karlsruhe (TH)
Praktikantenamt der Fakultät für Maschinenbau
Professor Dr.-Ing. E. Bahke
Kaiserstraße 12, 7500 Karlsruhe 1
Tel.: 0721/6082380

Technische Universität München
Praktikantenamt für Maschinenwesen
Fachbereich Maschinenwesen
Professor Dr.-Ing. J. Milberg
Arcisstraße 21, 8000 München 2
Tel.: 089/21053096

Universität Stuttgart
Praktikantenamt für Maschinenwesen
Institut für Industrielle Fertigung und Fabrikbetrieb
Professor Dr.-Ing. H.-J. Warnecke
Postfach 951, 7000 Stuttgart 1
Tel.: 0711/6856039

# 9 Sachverzeichnis

# 10 Gliederungsblätter zu den Praktikumsthemen

Die Gliederungsblätter dienen zum Erfassen des Praktikumsinhalts vor und während der Praktikumsableistung. Bei sorgfältiger Bearbeitung bilden sie die Grundlage der Berichterstattung und liefern gleichzeitig eine Übersicht über die industrielle Praxis. Notizen, die „vor Ort" angefertigt werden, ermöglichen das frühzeitige Erkennen von Unklarheiten.

**Grundlegende Arbeiten** (Anreißen, Feilen, Meißeln, Sägen, Bohren, Reiben, Senken, Gewindeschneiden, Richten, Biegen, Nieten, Werkzeugschärfen) mit A- und E-Schweißen, Löten, Brennschneiden und Wärmebehandlung

**Arbeiten an Werkzeugmaschinen**
Drehen, Fräsen, Hobeln, Schleifen, Räumen usw.
Stanzen, Biegen, Tiefziehen usw.

**Gießerei und Modellbau**
Hand- und Maschinenformerei, Kernmacherei, Gießerei
Druckguß, Kokillenguß, Feinguß usw.
Modellbau

**Montage**
Montage und Demontage von Baugruppen, Reparaturmontage
Vor- und Endmontage in der Einzel- und Serienfertigung

**Messen und Prüfen**
Werkstoffprüfung, Fertigungskontrolle
Flugerprobung, Prüfstand (z. B. Motorentest), Verfahrenskontrolle

**Aufbaupraktikum** (nur Leerseiten für Notizen)
Konstruktion und Entwicklung
Fertigungsvorbereitung und Fertigungssteuerung
Versuchswesen

## Gliederungsblatt A: Grundlegende Arbeiten

Vorbereitung (Arbeitsregeln, Werkzeugkunde, Sicherheitsbestimmungen usw.)

Skizze des Werkstücks

## Gliederungsblatt A: Grundlegende Arbeiten

**Werkstoff des Werkstücks**

**Spannmittel**

Arbeitsplan

| Nr. | Arbeitsgang | Werkzeug | Bemerkung |
|-----|-------------|----------|-----------|
| 1 | | | |
| 2 | | | |
| 3 | | | |
| 4 | | | |
| 5 | | | |
| 6 | | | |
| 7 | | | |
| 8 | | | |
| 9 | | | |
| 10 | | | |
| 11 | | | |
| 12 | | | |
| 13 | | | |
| 14 | | | |
| 15 | | | |

Praktikumsdaten (Wochen-Nr., Zeitraum)

Firma, Abteilung, Betreuer

Grundlegende Arbeiten

## Gliederungsblatt A: Grundlegende Arbeiten

Vorbereitung (Arbeitsregeln, Werkzeugkunde, Sicherheitsbestimmungen usw.)

Skizze des Werkstücks

## Gliederungsblatt A: Grundlegende Arbeiten

**Werkstoff des Werkstücks**

**Spannmittel**

Arbeitsplan

| Nr. | Arbeitsgang | Werkzeug | Bemerkung |
|---|---|---|---|
| 1 | | | |
| 2 | | | |
| 3 | | | |
| 4 | | | |
| 5 | | | |
| 6 | | | |
| 7 | | | |
| 8 | | | |
| 9 | | | |
| 10 | | | |
| 11 | | | |
| 12 | | | |
| 13 | | | |
| 14 | | | |
| 15 | | | |

Praktikumsdaten (Wochen-Nr., Zeitraum)

Firma, Abteilung, Betreuer

# Gliederungsblatt A: Grundlegende Arbeiten

Vorbereitung (Arbeitsregeln, Werkzeugkunde, Sicherheitsbestimmungen usw.)

Skizze des Werkstücks

<table>
<tr><td colspan="4">Gliederungsblatt A: Grundlegende Arbeiten</td></tr>
<tr><td colspan="4">Werkstoff des Werkstücks</td></tr>
<tr><td colspan="4">Spannmittel</td></tr>
<tr><td colspan="4"> </td></tr>
<tr><td colspan="4">Arbeitsplan</td></tr>
<tr><td>Nr.</td><td>Arbeitsgang</td><td>Werkzeug</td><td>Bemerkung</td></tr>
<tr><td>1</td><td></td><td></td><td></td></tr>
<tr><td>2</td><td></td><td></td><td></td></tr>
<tr><td>3</td><td></td><td></td><td></td></tr>
<tr><td>4</td><td></td><td></td><td></td></tr>
<tr><td>5</td><td></td><td></td><td></td></tr>
<tr><td>6</td><td></td><td></td><td></td></tr>
<tr><td>7</td><td></td><td></td><td></td></tr>
<tr><td>8</td><td></td><td></td><td></td></tr>
<tr><td>9</td><td></td><td></td><td></td></tr>
<tr><td>10</td><td></td><td></td><td></td></tr>
<tr><td>11</td><td></td><td></td><td></td></tr>
<tr><td>12</td><td></td><td></td><td></td></tr>
<tr><td>13</td><td></td><td></td><td></td></tr>
<tr><td>14</td><td></td><td></td><td></td></tr>
<tr><td>15</td><td></td><td></td><td></td></tr>
<tr><td colspan="4">Praktikumsdaten (Wochen-Nr., Zeitraum)</td></tr>
<tr><td colspan="4">Firma, Abteilung, Betreuer</td></tr>
</table>

## Gliederungsblatt A: Grundlegende Arbeiten

Vorbereitung (Arbeitsregeln, Werkzeugkunde, Sicherheitsbestimmungen usw.)

Skizze des Werkstücks

## Gliederungsblatt A: Grundlegende Arbeiten

**Werkstoff des Werkstücks**

**Spannmittel**

**Arbeitsplan**

| Nr. | Arbeitsgang | Werkzeug | Bemerkung |
|---|---|---|---|
| 1 | | | |
| 2 | | | |
| 3 | | | |
| 4 | | | |
| 5 | | | |
| 6 | | | |
| 7 | | | |
| 8 | | | |
| 9 | | | |
| 10 | | | |
| 11 | | | |
| 12 | | | |
| 13 | | | |
| 14 | | | |
| 15 | | | |

**Praktikumsdaten (Wochen-Nr., Zeitraum)**

**Firma, Abteilung, Betreuer**

## Gliederungsblatt A: Grundlegende Arbeiten

Vorbereitung (Arbeitsregeln, Werkzeugkunde, Sicherheitsbestimmungen usw.)

Skizze des Werkstücks

**Gliederungsblatt A: Grundlegende Arbeiten**

**Werkstoff des Werkstücks**

**Spannmittel**

**Arbeitsplan**

| Nr. | Arbeitsgang | Werkzeug | Bemerkung |
|---|---|---|---|
| 1 | | | |
| 2 | | | |
| 3 | | | |
| 4 | | | |
| 5 | | | |
| 6 | | | |
| 7 | | | |
| 8 | | | |
| 9 | | | |
| 10 | | | |
| 11 | | | |
| 12 | | | |
| 13 | | | |
| 14 | | | |
| 15 | | | |

**Praktikumsdaten (Wochen-Nr., Zeitraum)**

**Firma, Abteilung, Betreuer**

# Gliederungsblatt A: Grundlegende Arbeiten

Vorbereitung (Arbeitsregeln, Werkzeugkunde, Sicherheitsbestimmungen usw.)

Skizze des Werkstücks

## Gliederungsblatt A: Grundlegende Arbeiten

**Werkstoff des Werkstücks**

**Spannmittel**

**Arbeitsplan**

| Nr. | Arbeitsgang | Werkzeug | Bemerkung |
|---|---|---|---|
| 1 | | | |
| 2 | | | |
| 3 | | | |
| 4 | | | |
| 5 | | | |
| 6 | | | |
| 7 | | | |
| 8 | | | |
| 9 | | | |
| 10 | | | |
| 11 | | | |
| 12 | | | |
| 13 | | | |
| 14 | | | |
| 15 | | | |

**Praktikumsdaten (Wochen-Nr., Zeitraum)**

**Firma, Abteilung, Betreuer**

## Gliederungsblatt A: Grundlegende Arbeiten

Vorbereitung (Arbeitsregeln, Werkzeugkunde, Sicherheitsbestimmungen usw.)

Skizze des Werkstücks

Gliederungsblatt A: Grundlegende Arbeiten

Werkstoff des Werkstücks

Spannmittel

Arbeitsplan

| Nr. | Arbeitsgang | Werkzeug | Bemerkung |
| --- | --- | --- | --- |
| 1 | | | |
| 2 | | | |
| 3 | | | |
| 4 | | | |
| 5 | | | |
| 6 | | | |
| 7 | | | |
| 8 | | | |
| 9 | | | |
| 10 | | | |
| 11 | | | |
| 12 | | | |
| 13 | | | |
| 14 | | | |
| 15 | | | |

Praktikumsdaten (Wochen-Nr., Zeitraum)

Firma, Abteilung, Betreuer

# Gliederungsblatt A: Grundlegende Arbeiten

Vorbereitung (Arbeitsregeln, Werkzeugkunde, Sicherheitsbestimmungen usw.)

Skizze des Werkstücks

| Gliederungsblatt A: Grundlegende Arbeiten | | | |
|---|---|---|---|
| **Werkstoff des Werkstücks** | | | |
| **Spannmittel** | | | |
| | | | |
| **Arbeitsplan** | | | |
| Nr. | Arbeitsgang | Werkzeug | Bemerkung |
| 1 | | | |
| 2 | | | |
| 3 | | | |
| 4 | | | |
| 5 | | | |
| 6 | | | |
| 7 | | | |
| 8 | | | |
| 9 | | | |
| 10 | | | |
| 11 | | | |
| 12 | | | |
| 13 | | | |
| 14 | | | |
| 15 | | | |
| **Praktikumsdaten (Wochen-Nr., Zeitraum)** | | | |
| **Firma, Abteilung, Betreuer** | | | |

## Gliederungsblatt A: Grundlegende Arbeiten

Vorbereitung (Arbeitsregeln, Werkzeugkunde, Sicherheitsbestimmungen usw.)

Skizze des Werkstücks

## Gliederungsblatt A: Grundlegende Arbeiten

**Werkstoff des Werkstücks**

**Spannmittel**

Arbeitsplan

| Nr. | Arbeitsgang | Werkzeug | Bemerkung |
|-----|-------------|----------|-----------|
| 1 | | | |
| 2 | | | |
| 3 | | | |
| 4 | | | |
| 5 | | | |
| 6 | | | |
| 7 | | | |
| 8 | | | |
| 9 | | | |
| 10 | | | |
| 11 | | | |
| 12 | | | |
| 13 | | | |
| 14 | | | |
| 15 | | | |

Praktikumsdaten (Wochen-Nr., Zeitraum)

Firma, Abteilung, Betreuer

# Gliederungsblatt A: Grundlegende Arbeiten

Vorbereitung (Arbeitsregeln, Werkzeugkunde, Sicherheitsbestimmungen usw.)

Skizze des Werkstücks

| Gliederungsblatt A: Grundlegende Arbeiten |
| --- |
| **Werkstoff des Werkstücks** |
| **Spannmittel** |

Arbeitsplan

| Nr. | Arbeitsgang | Werkzeug | Bemerkung |
| --- | --- | --- | --- |
| 1 | | | |
| 2 | | | |
| 3 | | | |
| 4 | | | |
| 5 | | | |
| 6 | | | |
| 7 | | | |
| 8 | | | |
| 9 | | | |
| 10 | | | |
| 11 | | | |
| 12 | | | |
| 13 | | | |
| 14 | | | |
| 15 | | | |

Praktikumsdaten (Wochen-Nr., Zeitraum)

Firma, Abteilung, Betreuer

# Gliederungsblatt B: Arbeiten an Werkzeugmaschinen

Vorbereitung (Arbeitsregeln, Werkzeugkunde, Sicherheitsbestimmungen usw.)

Skizze des Werkstücks

**Gliederungsblatt B: Arbeiten an Werkzeugmaschinen**

**Werkstoff des Werkstücks**

**Spannmittel**

Arbeitsplan

| Nr. | Arbeitsgang | Werkzeug | Bemerkung |
|---|---|---|---|
| 1 | | | |
| 2 | | | |
| 3 | | | |
| 4 | | | |
| 5 | | | |
| 6 | | | |
| 7 | | | |
| 8 | | | |
| 9 | | | |
| 10 | | | |
| 11 | | | |
| 12 | | | |
| 13 | | | |
| 14 | | | |
| 15 | | | |

Praktikumsdaten (Wochen-Nr., Zeitraum)

Firma, Abteilung, Betreuer

## Gliederungsblatt B: Arbeiten an Werkzeugmaschinen

Vorbereitung (Arbeitsregeln, Werkzeugkunde, Sicherheitsbestimmungen usw.)

Skizze des Werkstücks

## Gliederungsblatt B: Arbeiten an Werkzeugmaschinen

**Werkstoff des Werkstücks**

**Spannmittel**

Arbeitsplan

| Nr. | Arbeitsgang | Werkzeug | Bemerkung |
|---|---|---|---|
| 1 | | | |
| 2 | | | |
| 3 | | | |
| 4 | | | |
| 5 | | | |
| 6 | | | |
| 7 | | | |
| 8 | | | |
| 9 | | | |
| 10 | | | |
| 11 | | | |
| 12 | | | |
| 13 | | | |
| 14 | | | |
| 15 | | | |

Praktikumsdaten (Wochen-Nr., Zeitraum)

Firma, Abteilung, Betreuer

## Gliederungsblatt B: Arbeiten an Werkzeugmaschinen

Vorbereitung (Arbeitsregeln, Werkzeugkunde, Sicherheitsbestimmungen usw.)

Skizze des Werkstücks

<table>
<tr><td colspan="4">Gliederungsblatt B: Arbeiten an Werkzeugmaschinen</td></tr>
<tr><td colspan="4">Werkstoff des Werkstücks</td></tr>
<tr><td colspan="4">Spannmittel</td></tr>
<tr><td colspan="4" height="150"> </td></tr>
<tr><td colspan="4">Arbeitsplan</td></tr>
<tr><td>Nr.</td><td>Arbeitsgang</td><td>Werkzeug</td><td>Bemerkung</td></tr>
<tr><td>1</td><td></td><td></td><td></td></tr>
<tr><td>2</td><td></td><td></td><td></td></tr>
<tr><td>3</td><td></td><td></td><td></td></tr>
<tr><td>4</td><td></td><td></td><td></td></tr>
<tr><td>5</td><td></td><td></td><td></td></tr>
<tr><td>6</td><td></td><td></td><td></td></tr>
<tr><td>7</td><td></td><td></td><td></td></tr>
<tr><td>8</td><td></td><td></td><td></td></tr>
<tr><td>9</td><td></td><td></td><td></td></tr>
<tr><td>10</td><td></td><td></td><td></td></tr>
<tr><td>11</td><td></td><td></td><td></td></tr>
<tr><td>12</td><td></td><td></td><td></td></tr>
<tr><td>13</td><td></td><td></td><td></td></tr>
<tr><td>14</td><td></td><td></td><td></td></tr>
<tr><td>15</td><td></td><td></td><td></td></tr>
<tr><td colspan="4">Praktikumsdaten (Wochen-Nr., Zeitraum)</td></tr>
<tr><td colspan="4">Firma, Abteilung, Betreuer</td></tr>
</table>

# Gliederungsblatt B: Arbeiten an Werkzeugmaschinen

Vorbereitung (Arbeitsregeln, Werkzeugkunde, Sicherheitsbestimmungen usw.)

Skizze des Werkstücks

**Gliederungsblatt B: Arbeiten an Werkzeugmaschinen**

**Werkstoff des Werkstücks**

**Spannmittel**

Arbeitsplan

| Nr. | Arbeitsgang | Werkzeug | Bemerkung |
|-----|-------------|----------|-----------|
| 1 | | | |
| 2 | | | |
| 3 | | | |
| 4 | | | |
| 5 | | | |
| 6 | | | |
| 7 | | | |
| 8 | | | |
| 9 | | | |
| 10 | | | |
| 11 | | | |
| 12 | | | |
| 13 | | | |
| 14 | | | |
| 15 | | | |

Praktikumsdaten (Wochen-Nr., Zeitraum)

Firma, Abteilung, Betreuer

## Gliederungsblatt B: Arbeiten an Werkzeugmaschinen

Vorbereitung (Arbeitsregeln, Werkzeugkunde, Sicherheitsbestimmungen usw.)

Skizze des Werkstücks

<table>
<tr><td colspan="4">Gliederungsblatt B: Arbeiten an Werkzeugmaschinen</td></tr>
<tr><td colspan="4">Werkstoff des Werkstücks</td></tr>
<tr><td colspan="4">Spannmittel</td></tr>
<tr><td colspan="4"><br><br><br><br></td></tr>
<tr><td colspan="4">Arbeitsplan</td></tr>
<tr><td>Nr.</td><td>Arbeitsgang</td><td>Werkzeug</td><td>Bemerkung</td></tr>
<tr><td>1</td><td></td><td></td><td></td></tr>
<tr><td>2</td><td></td><td></td><td></td></tr>
<tr><td>3</td><td></td><td></td><td></td></tr>
<tr><td>4</td><td></td><td></td><td></td></tr>
<tr><td>5</td><td></td><td></td><td></td></tr>
<tr><td>6</td><td></td><td></td><td></td></tr>
<tr><td>7</td><td></td><td></td><td></td></tr>
<tr><td>8</td><td></td><td></td><td></td></tr>
<tr><td>9</td><td></td><td></td><td></td></tr>
<tr><td>10</td><td></td><td></td><td></td></tr>
<tr><td>11</td><td></td><td></td><td></td></tr>
<tr><td>12</td><td></td><td></td><td></td></tr>
<tr><td>13</td><td></td><td></td><td></td></tr>
<tr><td>14</td><td></td><td></td><td></td></tr>
<tr><td>15</td><td></td><td></td><td></td></tr>
<tr><td colspan="4">Praktikumsdaten (Wochen-Nr., Zeitraum)</td></tr>
<tr><td colspan="4">Firma, Abteilung, Betreuer</td></tr>
</table>

## Gliederungsblatt B: Arbeiten an Werkzeugmaschinen

Vorbereitung (Arbeitsregeln, Werkzeugkunde, Sicherheitsbestimmungen usw.)

Skizze des Werkstücks

## Gliederungsblatt B: Arbeiten an Werkzeugmaschinen

**Werkstoff des Werkstücks**

**Spannmittel**

**Arbeitsplan**

| Nr. | Arbeitsgang | Werkzeug | Bemerkung |
|---|---|---|---|
| 1 | | | |
| 2 | | | |
| 3 | | | |
| 4 | | | |
| 5 | | | |
| 6 | | | |
| 7 | | | |
| 8 | | | |
| 9 | | | |
| 10 | | | |
| 11 | | | |
| 12 | | | |
| 13 | | | |
| 14 | | | |
| 15 | | | |

**Praktikumsdaten (Wochen-Nr., Zeitraum)**

**Firma, Abteilung, Betreuer**

Arbeiten an Werkzeugmaschinen

## Gliederungsblatt B: Arbeiten an Werkzeugmaschinen

**Vorbereitung (Arbeitsregeln, Werkzeugkunde, Sicherheitsbestimmungen usw.)**

**Skizze des Werkstücks**

| Gliederungsblatt B: Arbeiten an Werkzeugmaschinen |

**Werkstoff des Werkstücks**

**Spannmittel**

Arbeitsplan

| Nr. | Arbeitsgang | Werkzeug | Bemerkung |
|---|---|---|---|
| 1 | | | |
| 2 | | | |
| 3 | | | |
| 4 | | | |
| 5 | | | |
| 6 | | | |
| 7 | | | |
| 8 | | | |
| 9 | | | |
| 10 | | | |
| 11 | | | |
| 12 | | | |
| 13 | | | |
| 14 | | | |
| 15 | | | |

Praktikumsdaten (Wochen-Nr., Zeitraum)

Firma, Abteilung, Betreuer

# Gliederungsblatt B: Arbeiten an Werkzeugmaschinen

Vorbereitung (Arbeitsregeln, Werkzeugkunde, Sicherheitsbestimmungen usw.)

## Skizze des Werkstücks

# Gliederungsblatt B: Arbeiten an Werkzeugmaschinen

Werkstoff des Werkstücks

Spannmittel

Arbeitsplan

| Nr. | Arbeitsgang | Werkzeug | Bemerkung |
|-----|-------------|----------|-----------|
| 1 | | | |
| 2 | | | |
| 3 | | | |
| 4 | | | |
| 5 | | | |
| 6 | | | |
| 7 | | | |
| 8 | | | |
| 9 | | | |
| 10 | | | |
| 11 | | | |
| 12 | | | |
| 13 | | | |
| 14 | | | |
| 15 | | | |

Praktikumsdaten (Wochen-Nr., Zeitraum)

Firma, Abteilung, Betreuer

## Gliederungsblatt C: Gießerei/Modellbau

Vorbereitung (Arbeitsregeln, Werkzeugkunde, Sicherheitsbestimmungen usw.)

Skizze des Werkstücks, der Form, des Kerns oder des Modells

# Gliederungsblatt C: Gießerei / Modellbau

**Werkstoff des Werkstücks**

**Spannmittel**

Arbeitsplan

| Nr. | Arbeitsgang | Werkzeug | Bemerkung |
|-----|-------------|----------|-----------|
| 1 | | | |
| 2 | | | |
| 3 | | | |
| 4 | | | |
| 5 | | | |
| 6 | | | |
| 7 | | | |
| 8 | | | |
| 9 | | | |
| 10 | | | |
| 11 | | | |
| 12 | | | |
| 13 | | | |
| 14 | | | |
| 15 | | | |

Praktikumsdaten (Wochen-Nr., Zeitraum)

Firma, Abteilung, Betreuer

Gießerei u. Modellbau

## Gliederungsblatt C: Gießerei/Modellbau

Vorbereitung (Arbeitsregeln, Werkzeugkunde, Sicherheitsbestimmungen usw.)

---

Skizze des Werkstücks, der Form, des Kerns oder des Modells

Gießerei u. Modellbau

**Gliederungsblatt C: Gießerei/Modellbau**

**Werkstoff des Werkstücks**

**Spannmittel**

**Arbeitsplan**

| Nr. | Arbeitsgang | Werkzeug | Bemerkung |
|---|---|---|---|
| 1 | | | |
| 2 | | | |
| 3 | | | |
| 4 | | | |
| 5 | | | |
| 6 | | | |
| 7 | | | |
| 8 | | | |
| 9 | | | |
| 10 | | | |
| 11 | | | |
| 12 | | | |
| 13 | | | |
| 14 | | | |
| 15 | | | |

**Praktikumsdaten (Wochen-Nr., Zeitraum)**

**Firma, Abteilung, Betreuer**

Gießerei u. Modellbau

| Gliederungsblatt C: Gießerei/Modellbau |
| --- |

Vorbereitung (Arbeitsregeln, Werkzeugkunde, Sicherheitsbestimmungen usw.)

Skizze des Werkstücks, der Form, des Kerns oder des Modells

**Gliederungsblatt C: Gießerei/Modellbau**

**Werkstoff des Werkstücks**

**Spannmittel**

Arbeitsplan

| Nr. | Arbeitsgang | Werkzeug | Bemerkung |
|-----|-------------|----------|-----------|
| 1 | | | |
| 2 | | | |
| 3 | | | |
| 4 | | | |
| 5 | | | |
| 6 | | | |
| 7 | | | |
| 8 | | | |
| 9 | | | |
| 10 | | | |
| 11 | | | |
| 12 | | | |
| 13 | | | |
| 14 | | | |
| 15 | | | |

Praktikumsdaten (Wochen-Nr., Zeitraum)

Firma, Abteilung, Betreuer

Gießerei u. Modellbau

## Gliederungsblatt C: Gießerei/Modellbau

Vorbereitung (Arbeitsregeln, Werkzeugkunde, Sicherheitsbestimmungen usw.)

Skizze des Werkstücks, der Form, des Kerns oder des Modells

## Gliederungsblatt C: Gießerei/Modellbau

**Werkstoff des Werkstücks**

**Spannmittel**

Arbeitsplan

| Nr. | Arbeitsgang | Werkzeug | Bemerkung |
|---|---|---|---|
| 1 | | | |
| 2 | | | |
| 3 | | | |
| 4 | | | |
| 5 | | | |
| 6 | | | |
| 7 | | | |
| 8 | | | |
| 9 | | | |
| 10 | | | |
| 11 | | | |
| 12 | | | |
| 13 | | | |
| 14 | | | |
| 15 | | | |

Praktikumsdaten (Wochen-Nr., Zeitraum)

Firma, Abteilung, Betreuer

Gießerei u. Modellbau

## Gliederungsblatt D1: Montage (Einzelfertigung, Reparaturmontage)

Skizze der montierten Einheit mit Einzelteilbezeichnung
Stückliste gegebenenfalls separat

## Gliederungsblatt D1: Montage (Einzelfertigung, Reparaturmontage)

**Arbeitsplan**

| Nr. | Montagegang | Werkzeug | Bemerkung |
|---|---|---|---|
| 1 | | | |
| 2 | | | |
| 3 | | | |
| 4 | | | |
| 5 | | | |
| 6 | | | |
| 7 | | | |
| 8 | | | |
| 9 | | | |
| 10 | | | |
| 11 | | | |
| 12 | | | |
| 13 | | | |
| 14 | | | |
| 15 | | | |
| 16 | | | |
| 17 | | | |
| 18 | | | |
| 19 | | | |
| 20 | | | |

**Praktikumsdaten (Wochen-Nr., Zeitraum)**

**Firma, Abteilung, Betreuer**

Montage (Einzelfert. u. Reparaturmont.)

# Gliederungsblatt D1: Montage (Einzelfertigung, Reparaturmontage)

Skizze der montierten Einheit mit Einzelteilbezeichnung
Stückliste gegebenenfalls separat

## Gliederungsblatt D1: Montage (Einzelfertigung, Reparaturmontage)

**Arbeitsplan**

| Nr. | Montagegang | Werkzeug | Bemerkung |
|---|---|---|---|
| 1 | | | |
| 2 | | | |
| 3 | | | |
| 4 | | | |
| 5 | | | |
| 6 | | | |
| 7 | | | |
| 8 | | | |
| 9 | | | |
| 10 | | | |
| 11 | | | |
| 12 | | | |
| 13 | | | |
| 14 | | | |
| 15 | | | |
| 16 | | | |
| 17 | | | |
| 18 | | | |
| 19 | | | |
| 20 | | | |

Praktikumsdaten (Wochen-Nr., Zeitraum)

Firma, Abteilung, Betreuer

## Gliederungsblatt D1: Montage (Einzelfertigung, Reparaturmontage)

Skizze der montierten Einheit mit Einzelteilbezeichnung
Stückliste gegebenenfalls separat

# Gliederungsblatt D1: Montage (Einzelfertigung, Reparaturmontage)

## Arbeitsplan

| Nr. | Montagegang | Werkzeug | Bemerkung |
|-----|-------------|----------|-----------|
| 1 | | | |
| 2 | | | |
| 3 | | | |
| 4 | | | |
| 5 | | | |
| 6 | | | |
| 7 | | | |
| 8 | | | |
| 9 | | | |
| 10 | | | |
| 11 | | | |
| 12 | | | |
| 13 | | | |
| 14 | | | |
| 15 | | | |
| 16 | | | |
| 17 | | | |
| 18 | | | |
| 19 | | | |
| 20 | | | |

Praktikumsdaten (Wochen-Nr., Zeitraum)

Firma, Abteilung, Betreuer

Skizze der montierten Einheit mit Einzelteilbezeichnung
Stückliste gegebenenfalls separat

Montage (Einzelfert. u. Reparaturmont.)

<table>
<tr><td colspan="4">Gliederungsblatt D 1: Montage (Einzelfertigung, Reparaturmontage)</td></tr>
<tr><td colspan="4">Arbeitsplan</td></tr>
</table>

| Nr. | Montagegang | Werkzeug | Bemerkung |
|---|---|---|---|
| 1 | | | |
| 2 | | | |
| 3 | | | |
| 4 | | | |
| 5 | | | |
| 6 | | | |
| 7 | | | |
| 8 | | | |
| 9 | | | |
| 10 | | | |
| 11 | | | |
| 12 | | | |
| 13 | | | |
| 14 | | | |
| 15 | | | |
| 16 | | | |
| 17 | | | |
| 18 | | | |
| 19 | | | |
| 20 | | | |

Praktikumsdaten (Wochen-Nr., Zeitraum)

Firma, Abteilung, Betreuer

## Gliederungsblatt D 2: Montage (Serienfertigung)

**Flußdiagramm des Montageablaufs**

## Gliederungsblatt D2: Montage (Serienfertigung)

**Fortsetzung des Flußdiagramms**

Besonderheiten des Montageablaufs

| Nr. | Bemerkung | Nr. | Bemerkung |
|-----|-----------|-----|-----------|
| 1 | | 8 | |
| 2 | | 9 | |
| 3 | | 10 | |
| 4 | | 11 | |
| 5 | | 12 | |
| 6 | | 13 | |
| 7 | | 14 | |

Praktikumsdaten (Wochen-Nr., Zeitraum)

Firma, Abteilung, Betreuer

Flußdiagramm des Montageablaufs

# Gliederungsblatt D2: Montage (Serienfertigung)

## Fortsetzung des Flußdiagramms

## Besonderheiten des Montageablaufs

| Nr. | Bemerkung | Nr. | Bemerkung |
|---|---|---|---|
| 1 | | 8 | |
| 2 | | 9 | |
| 3 | | 10 | |
| 4 | | 11 | |
| 5 | | 12 | |
| 6 | | 13 | |
| 7 | | 14 | |

Praktikumsdaten (Wochen-Nr., Zeitraum)

Firma, Abteilung, Betreuer

## Gliederungsblatt D 2: Montage (Serienfertigung)

**Flußdiagramm des Montageablaufs**

**Flußdiagramm des Montageablaufs**

**Fortsetzung des Flußdiagramms**

## Besonderheiten des Montageablaufs

| Nr. | Bemerkung | Nr. | Bemerkung |
|---|---|---|---|
| 1 | | 8 | |
| 2 | | 9 | |
| 3 | | 10 | |
| 4 | | 11 | |
| 5 | | 12 | |
| 6 | | 13 | |
| 7 | | 14 | |

**Praktikumsdaten (Wochen-Nr., Zeitraum)**

**Firma, Abteilung, Betreuer**

| Gliederungsblatt D 2: Montage (Serienfertigung) |
| --- |
| **Flußdiagramm des Montageablaufs** |

**Gliederungsblatt D 2: Montage (Serienfertigung)**

**Fortsetzung des Flußdiagramms**

Besonderheiten des Montageablaufs

| Nr. | Bemerkung | Nr. | Bemerkung |
|-----|-----------|-----|-----------|
| 1 | | 8 | |
| 2 | | 9 | |
| 3 | | 10 | |
| 4 | | 11 | |
| 5 | | 12 | |
| 6 | | 13 | |
| 7 | | 14 | |

Praktikumsdaten (Wochen-Nr., Zeitraum)

Firma, Abteilung, Betreuer

## Gliederungsblatt E: Messen und Prüfen

### Skizze des Meßteils oder des Versuchsaufbaus

### Durchführung der Messung oder des Versuchs

| Nr. | Arbeitsschritt | Nr. | Arbeitsschritt |
|---|---|---|---|
| 1 | | 9 | |
| 2 | | 10 | |
| 3 | | 11 | |
| 4 | | 12 | |
| 5 | | 13 | |
| 6 | | 14 | |
| 7 | | 15 | |
| 8 | | 16 | |

**Meß- oder Versuchsergebnisse (Diagramm oder Tabelle)**

Auswertung der Meß- oder Versuchsergebnisse, Interpretation der Daten

| Nr. | Aussage zum Ergebnis | Nr. | Aussage zum Ergebnis |
|---|---|---|---|
| 1 | | 8 | |
| 2 | | 9 | |
| 3 | | 10 | |
| 4 | | 11 | |
| 5 | | 12 | |
| 6 | | 13 | |
| 7 | | 14 | |

Praktikumsdaten (Wochen-Nr., Zeitraum)

Firma, Abteilung, Betreuer

## Gliederungsblatt E: Messen und Prüfen

### Skizze des Meßteils oder des Versuchsaufbaus

### Durchführung der Messung oder des Versuchs

| Nr. | Arbeitsschritt | Nr. | Arbeitsschritt |
|---|---|---|---|
| 1 | | 9 | |
| 2 | | 10 | |
| 3 | | 11 | |
| 4 | | 12 | |
| 5 | | 13 | |
| 6 | | 14 | |
| 7 | | 15 | |
| 8 | | 16 | |

**Gliederungsblatt E: Messen und Prüfen**

**Meß- oder Versuchsergebnisse (Diagramm oder Tabelle)**

Auswertung der Meß- oder Versuchsergebnisse, Interpretation der Daten

| Nr. | Aussage zum Ergebnis | Nr. | Aussage zum Ergebnis |
|---|---|---|---|
| 1 |  | 8 |  |
| 2 |  | 9 |  |
| 3 |  | 10 |  |
| 4 |  | 11 |  |
| 5 |  | 12 |  |
| 6 |  | 13 |  |
| 7 |  | 14 |  |

Praktikumsdaten (Wochen-Nr., Zeitraum)

Firma, Abteilung, Betreuer

## Gliederungsblatt E: Messen und Prüfen

### Skizze des Meßteils oder des Versuchsaufbaus

### Durchführung der Messung oder des Versuchs

| Nr. | Arbeitsschritt | Nr. | Arbeitsschritt |
|---|---|---|---|
| 1 | | 9 | |
| 2 | | 10 | |
| 3 | | 11 | |
| 4 | | 12 | |
| 5 | | 13 | |
| 6 | | 14 | |
| 7 | | 15 | |
| 8 | | 16 | |

<table>
<tr><td colspan="4">Gliederungsblatt E: Messen und Prüfen</td></tr>
<tr><td colspan="4">Meß- oder Versuchsergebnisse (Diagramm oder Tabelle)</td></tr>
<tr><td colspan="4" style="height:400px"> </td></tr>
<tr><td colspan="4">Auswertung der Meß- oder Versuchsergebnisse, Interpretation der Daten</td></tr>
<tr><td>Nr.</td><td>Aussage zum Ergebnis</td><td>Nr.</td><td>Aussage zum Ergebnis</td></tr>
<tr><td>1</td><td></td><td>8</td><td></td></tr>
<tr><td>2</td><td></td><td>9</td><td></td></tr>
<tr><td>3</td><td></td><td>10</td><td></td></tr>
<tr><td>4</td><td></td><td>11</td><td></td></tr>
<tr><td>5</td><td></td><td>12</td><td></td></tr>
<tr><td>6</td><td></td><td>13</td><td></td></tr>
<tr><td>7</td><td></td><td>14</td><td></td></tr>
<tr><td colspan="4">Praktikumsdaten (Wochen-Nr., Zeitraum)</td></tr>
<tr><td colspan="4">Firma, Abteilung, Betreuer</td></tr>
</table>

## Gliederungsblatt E: Messen und Prüfen

### Skizze des Meßteils oder des Versuchsaufbaus

### Durchführung der Messung oder des Versuchs

| Nr. | Arbeitsschritt | Nr. | Arbeitsschritt |
|---|---|---|---|
| 1 | | 9 | |
| 2 | | 10 | |
| 3 | | 11 | |
| 4 | | 12 | |
| 5 | | 13 | |
| 6 | | 14 | |
| 7 | | 15 | |
| 8 | | 16 | |

## Gliederungsblatt E: Messen und Prüfen

**Meß- oder Versuchsergebnisse (Diagramm oder Tabelle)**

Auswertung der Meß- oder Versuchsergebnisse, Interpretation der Daten

| Nr. | Aussage zum Ergebnis | Nr. | Aussage zum Ergebnis |
|-----|----------------------|-----|----------------------|
| 1 | | 8 | |
| 2 | | 9 | |
| 3 | | 10 | |
| 4 | | 11 | |
| 5 | | 12 | |
| 6 | | 13 | |
| 7 | | 14 | |

Praktikumsdaten (Wochen-Nr., Zeitraum)

Firma, Abteilung, Betreuer

## Aufgabenstellung

## Durchführung des Projekts

**Notizen zum Aufbaupraktikum: Konstruktion, Arbeitsvorbereitung, Versuch**

**Fortsetzung der Beschreibung der Projektdurchführung**

**Ergebnisse**

**Praktikumsdaten (Wochen-Nr., Zeitraum)**

**Firma, Abteilung, Betreuer**

## Aufgabenstellung

## Durchführung des Projekts

**Fortsetzung der Beschreibung der Projektdurchführung**

**Ergebnisse**

**Praktikumsdaten (Wochen-Nr., Zeitraum)**

**Firma, Abteilung, Betreuer**

## Aufgabenstellung

## Durchführung des Projekts

# Notizen zum Aufbaupraktikum: Konstruktion, Arbeitsvorbereitung, Versuch

Fortsetzung der Beschreibung der Projektdurchführung

Ergebnisse

Praktikumsdaten (Wochen-Nr., Zeitraum)

Firma, Abteilung, Betreuer

## Aufgabenstellung

## Durchführung des Projekts

**Fortsetzung der Beschreibung der Projektdurchführung**

Ergebnisse

Praktikumsdaten (Wochen-Nr., Zeitraum)

Firma, Abteilung, Betreuer

## Aufgabenstellung

## Durchführung des Projekts

**Notizen zum Aufbaupraktikum: Konstruktion, Arbeitsvorbereitung, Versuch**

**Fortsetzung der Beschreibung der Projektdurchführung**

Ergebnisse

Praktikumsdaten (Wochen-Nr., Zeitraum)

Firma, Abteilung, Betreuer

## Aufgabenstellung

## Durchführung des Projekts

**Fortsetzung der Beschreibung der Projektdurchführung**

Ergebnisse

Praktikumsdaten (Wochen-Nr., Zeitraum)

Firma, Abteilung, Betreuer